1 良質な食事を与える。

2 できる限り、あらゆる病気の予防に努める。

3 普段から犬をよく観察し、いつもと違う様子が見られたときは、ただちに受診する。

4 誤飲やけがをしないよう安全対策を万全にする。

5 生後3週から16週までは感受性の豊かな時期（社会化期）。この時期に生活環境に慣れさせ、人が大好きで安全な犬に育てる。

6 すべての問題行動は、社会化不足から生まれる。社会化は飼い主の責任。

この6つのルールは犬の育て方の基本です。この基本を大切にしてください。子犬が一生幸せに暮らせるかどうかは、あなたの手にかかっているのです。

JN039670

人と動物と自然の絆を大切に

J-HANBSの活動

この本の中には、生後4カ月までの子犬の「社会化の感受性期」がいかに大切かが繰り返し出てきます。それと同じように人間の子どもも「社会化の感受性期」や「思春期」に動物や自然にふれあうことが大切だと、すでに1970年代の世界の研究で明らかになっています。HANBとは人と動物と自然との絆（ヒューマン・アニマル・ネイチャー・ボンド）のこと。人と動物と自然の絆を、心情的にも科学的にも大切にすることで、人の心が動く、心が育つことをHANB教育で実践し、進めていくく活動をしているのがJ-HANBSです。ぜひ、ホームページで活動内容をご覧ください。http://j-hanbs.or.jp/

CONTENTS

PART 1
いっしょに暮らす準備と基本のしつけ

PART 2 社会化とパピートレーニング

PART 3 散歩・お出かけレッスン

CONTENTS

CONTENTS

PART 7

困った行動の予防と対処法

協力企業

＊本書内で以下企業の製品は、
アルファベットの略称で示してあります
＊株式会社、有限会社は省略しています

Ⓑバーディ（ホワイ）☎03-3842-4107
http://www.birdie-net.com/
Ⓓドギーマンハヤシ
お客様窓口フリーダイヤル 0120-086-192
https://www.doggyman.com/
Ⓖグッドウィル☎06-4794-1665
http://www.good-will.co.jp/
Ⓘ IDOG&ICAT（ゼフィール）
お客様窓口フリーダイヤル 0120-37-1525
https://www.idog.jp/
Ⓛライフネットワーク
お客様相談センター 0120-171-889
https://www.ec-lifenetwork.com/
Ⓟペピイ（新日本カレンダー）
お客様窓口フリーダイヤル 0120-121-979
https://www.peppynet.com/
Ⓡリッチェル☎076-478-2957
https://www.richell.co.jp/
Ⓢサイエンス・ダイエット（日本ヒルズ・コルゲート）
お客様相談室フリーダイヤル 0120-211-311
https://www.hills.co.jp/
Ⓥビバテック☎072-275-4747
http://vivatec.jp/

撮影協力
Dog Shop Burg☎043-304-4766
https://dogshop-burg.com/
ドッグサロン いろは☎048-992-4748
https://ameblo.jp/dogsaloniroha/

＊掲載商品は仕様変更や販売が終了している場合もあります

フォロワー約10万人の超人気トイ・プードル♡

ふわちゃんのハッピーライフをのぞき見！

ふわふわの毛&つぶらな瞳がトレードマークのトイ・プードルの"ふわちゃん"。SNSは人気アイドルをしのぐフォロワー数を誇ります。
そんなふわちゃんの日常と素顔をお届け。ハッピーをおすそ分けしてもらいましょう！

ふわちゃんって？

トイプー好きの間では有名！ インスタで話題のアイドル犬

インスタグラムのフォロワー数は約10万人、アメーバブログではトップブロガーという、犬界きっての有名犬。2018年に写真集を出版、さらに海外のウェブ媒体に登場したことで、国内外のファンが急増！ インスタグラムやブログではふわちゃんの日常を垣間見ることができ、犬好き、トイ・プードル愛好家の間で話題です。「皆さんからのふわへの温かいコメントがうれしくて、ふわの様子を少しでもたくさん見ていただけたらと思い、SNSに日々写真や動画をアップしています！」（ふわちゃんママ）
インスタグラムアカウント：huwayama
ブログURL：https://ameblo.jp/fufu-fuwa/

＼表紙になりました！／

2016年発売の『最新版 はじめてのトイ・プードル 飼い方 しつけ お手入れ』の表紙も飾ってくれました。5年の月日を経て、今回の改訂版の表紙に再び登場！

ふわちゃんのインスタグラム

ふわちゃんの愛らしさが伝わる写真を厳選して投稿。1枚の写真に「いいね！」が1万以上つくことも。

＼ふわちゃんファンの声／

"ふわふわの毛がかわいすぎる"

見るからに柔らかそうなふわふわの毛。一度でいいから、触ってみたい（笑）。仕事で疲れたときなど、ふわちゃんの写真を見て、癒やされています。

（E.H さん）

"つぶらな瞳に胸キュン必至"

ふわちゃんのあの真ん丸でつぶらな瞳に見つめられたら、もうたまりません！ もし、見つめられたら、なんでも許せちゃいそう。

（K.M さん）

"愛犬との生活を疑似体験できる！"

インスタグラムでは動画も見られ、動くふわちゃんに出会えます。トコトコと散歩する姿などを見ていると、自分が飼っている気分になれます！

（K.H さん）

私、
ふわと申します！
よろしくね

Message

ふわちゃんママから、トイ・プードルを飼う皆さんへ

パピーの頃はいろいろと大変なことも多いかもしれませんが、トイ・プードルはとても賢いので、いっしょに暮らしやすいと思います。ちょっと調子にのりやすいですが、そこも含めてかわいすぎて毎日、かわいいが止まらないですよ！

もっと教えて！

ふわちゃんのあれこれ

体重は約 1.8kg

シニアになって、不調も出てきたけれど、食欲は変わらず旺盛！　そのため、体重は減る気配なし。

年齢は８才！

ついにシニア期に突入し、人間でいうと48才(笑)。年齢を重ねても、かわいさは永遠不滅のふわちゃん！

最近はのんびり派！

たくさん走り回る系の遊びよりも、おもちゃをかんだり、日なたぼっこをすることがもっぱら多め。

好物はヘルシー系

好きな食べ物はヨーグルト、ゆでたささ身、さつまいも♡　さっぱりしたヘルシー系フードが好き！

コロナ禍でもハッピー！
ふわちゃんのステイホーム記録

新型コロナウイルス感染症の影響下、犬を取り巻く環境にもいろいろ変化が。
ちなみにふわちゃんはどうしているの？
そんな声にお応えして、ステイホーム中のふわちゃんの様子をご紹介します。

ソファでのんびり〜

ステイホーム中はママやパパがリモートワークになり、おうちにいてくれて、すごくうれしいふわちゃん。家族といっしょで安心なのか、ソファの上でスヤスヤと寝ています。

パパのひざの上でお昼寝

パパのぬくもりで安心感いっぱいのふわちゃん。気づくと、寝落ち……。いっしょにいる時間が圧倒的に増えて、これからまた一頭でお留守番ができるか心配になるほど、甘えん坊度が加速中（笑）。

いちごにくぎづけ！

ふわちゃんは“いちご”も大好き。ママがいちごを持っただけで、もらえると察知！　いちごから一瞬たりとも目を離しません（笑）。もちろん、この後は大喜びで完食。

気分転換にお出かけ

家族といっしょに犬もOKなカフェやレストランへ。ふわちゃんは外出先でもおとなしく、おりこう！　犬好きな方、SNSを見てくれている方から声をかけてもらうことも。

ユキヤナギの前で
キメ顔！

散歩は最高の楽しみ

桜の絨毯、
キレイでしょ

ステイホーム中も毎日、散歩へ。以前は１日２回が定番だったけれど、シニアになった今は１日１回30分ほど。ふわちゃんは季節の花を見たり、風を感じて、とても気持ちよさそう。

防寒対策には マント！

ぬくぬくあったか

シングルコートの被毛で、寒さに弱いトイ・プードル。ふわちゃんも秋冬などの外出時は洋服を着て、防寒することが多めです。寒い日の散歩には、このお気に入りのマントをヘビロテ。

階段で抱っこ待ち！

自分で階段を下りられないので、パパかママに抱っこされるのを待つふわちゃん。うるうるのかわいい瞳で見つめられたら、どんなに忙しくてもすぐ抱っこして階段を下りてしまうこと間違いなし。

トイ・プードルは魅力がいっぱい

かわいくて賢くて、飼いやすい

トイ・プードルは、家庭で飼うペットとしてふさわしい性質を備えています。性格は明るく温厚。またサーカスで活躍するトイ・プードルが多いことからもわかるように、物覚えがよく賢い犬種です。さらに、抜け毛や体臭が少なく室内で飼いやすいことも人気の理由になっています。トイ・プードルといえば、ファッショナブルでぬいぐるみのようなかわいらしさが注目されがちですが、意外にもルーツは狩猟犬。好奇心旺盛で行動的な側面も持っています。

トイ・プードルの人気の秘密

毛量が豊富でヘアカットが楽しめる

ふわふわした巻き毛はトイ・プードルの自慢。人気のテディベアカットのほかにも、さまざまなスタイルを楽しむことができます。

利発で好奇心旺盛でしつけやすい

もともと水辺での狩猟犬だったので、外で遊ぶのが好き。賢く好奇心旺盛な性格なので、しつけやトレーニングも遊び感覚でこなしていきます。

体臭があまりなく、抜け毛が少ないから室内向き

体臭がほとんどないので、お手入れをしていれば室内がくさくなることはありません。抜け毛も少ないので掃除に追われることもないでしょう。

明るい性格で人なつこい

明るくフレンドリーな性格ですが、甘えん坊で頑固なところも。飼い主とコミュニケーションをとるのが好きなので、いっしょに過ごす時間をたくさん持ちましょう。

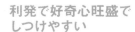

トイ・プードルの体

尾
腰の高い位置につく。行動するときは斜めに上げる。

耳
頬に沿って垂れていて、先端は丸みを帯びている。

頭
ほどよい丸みがある。

目
アーモンド形で、左右の目が適度に離れている。

マズル
（鼻から口の部分）
鼻先まで真っすぐのびている。

歯
白く丈夫でシザーズバイト（はさみ状咬合：かみ合わせたときに、上の歯の内側に下の歯が軽く接触する）。

被毛
比較的やわらかく、豊富な巻き毛、縄状毛。

ボディ
肩は筋肉質で傾斜し、背は短く水平、腰は幅広く、おしりはわずかに丸みを帯びている。

四肢
前足は骨が丈夫で筋肉質、後ろ足はとても筋肉が発達しています。パットはかたく厚みがある。

プードルの体の比較

プードルは大きさによって、スタンダード、ミディアム、ミニチュア、トイの４種類に分類されています。
（体高：地面から肩までの高さ）

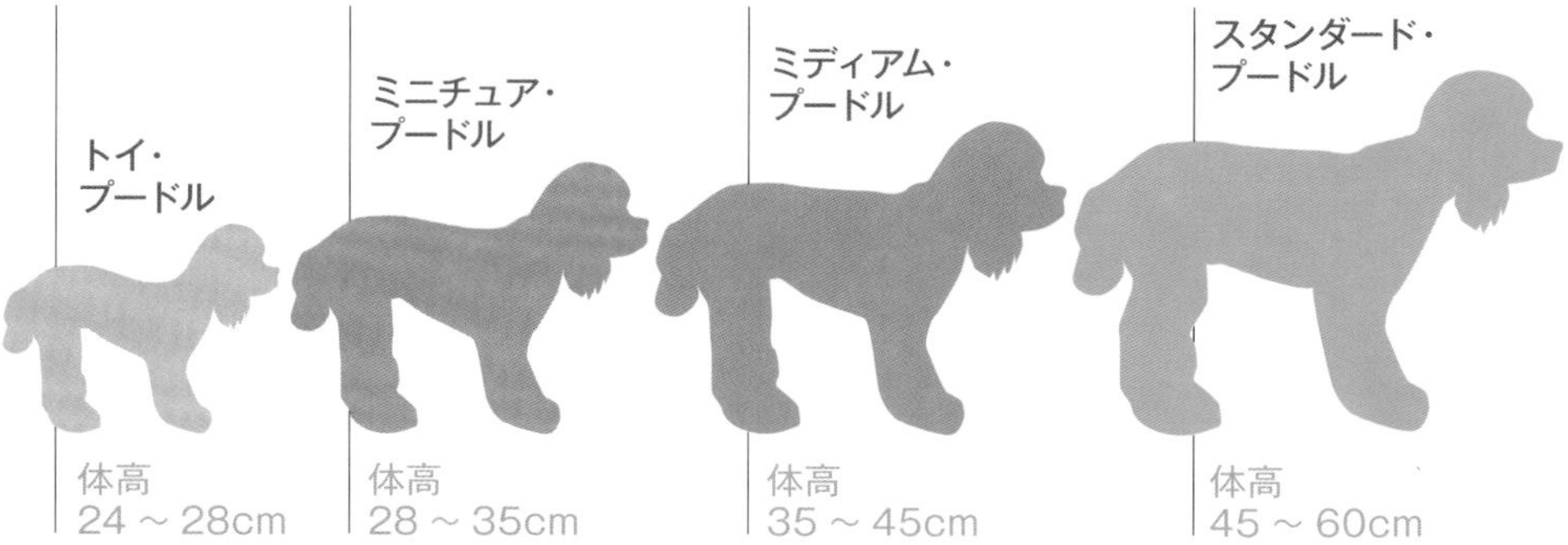

＊ジャパンケネルクラブ（ＪＫＣ）の定義による

トイ・プードルの魅力

優雅なスタイルからかわいいスタイルへ

トイ・プードルの原産地はフランスといわれていますが、ドイツという説もあります。

15世紀ごろから水辺の狩猟犬として活躍し、水中での作業に適した刈り込みをしたことが、プードル独特のスタイルの始まりでした。

初めて日本に入ってきたのは１８７０年ごろ。出島に勤務していたオランダ人が連れてきたといわれています。ペットとして飼われだしたのは１９５０年代の終わりごろからで、優雅な容姿に注目が集まりました。現在は顔や足の毛を刈り上げず、体全体をモコモコと仕上げる「テディベアカット」がブームになっています。

トイ・プードル誕生まで

15 世紀

水辺の狩猟犬として活躍する

16 世紀

フランスの貴婦人たちの間で注目され、愛玩犬として飼われるようになる

18 世紀

犬種改良によって、小型化が進む

19 世紀

サイズに規定が設けられ、「トイ・プードル」という犬種が誕生する

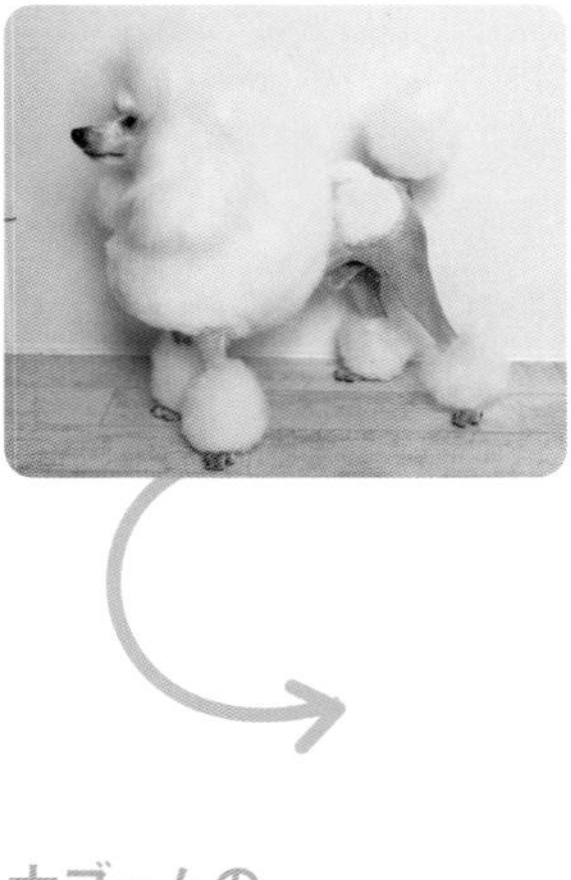

伝統的なスタイル

水辺で狩猟犬として活躍していた頃は、作業がしやすいように足や顔を刈り込み、心臓を守るために胸の毛を残したスタイルでした。ドッグショーでは、伝統的なスタイルが出場条件になっています。

大ブームのテディベアカット

現在は顔を刈り込まず、テディベアのようにモコモコした愛らしいテディベアカットが主流。てっぺんに髪を立たせた「モヒカン風」や足の裾が広がったブーツカットも人気です。

トイ・プードルのカラーバリエーション

トイ・プードルにはさまざまな被毛のカラーがあります。全身が一色であるのが基本ですが、「パーティカラー」などと呼ばれる、２色以上の犬もいます。ここでは代表的な色を紹介します。

シルバーだよ

シルバー

生まれたばかりは黒に近く、成長とともにシルバーに。

こんな子もいるよ!

目の縁が白く、鼻が茶色です。

レッド

赤みのある明るいブラウン系。毛色の濃淡には個体差があります。

ブラウン

深みのある落ち着いた色合い。

アプリコット

淡くやさしい色合いで人気の色。

ホワイト

プードルの基本カラー。

ブラック

プードルの基本カラー。被毛、鼻、つめなど全身が真っ黒です。

コロナ禍の愛犬ケア＆対策

全世界で感染拡大を見せている新型コロナウイルス感染症。いまだ解明されていないことが多いため、不安は募る一方ですが、愛犬を守るために飼い主が最低限知っておくべきことをご紹介します。

犬から人間に感染する事例は報告されていない

人のみならず、動物を取り巻く環境でも、いろんな情報が錯綜した新型コロナウイルス感染症。現時点（２０２１年３月）で、自然感染する動物種は犬、猫、トラ、ライオン、ミンク、ミンクとされています。ただし、ミンク以外は人への感染報告がありません。また、犬や猫は感染が確認されても、症状は確認されませんでした。

日本では、ペット保険会社のアニコムによるステイアニコムプロジェクト（２０２０年４月～２０２１年４月現在）において、新型コロナウイルス感染症に感染した方から預かった犬58頭、猫34頭、うさぎ2羽、ハリネズミ1匹のうち、犬3頭、猫2頭に感染が確認された報告があります。

例年と比較し、コロナ禍の影響で子犬・子猫の診察は増加傾向にあるものの、とりわけ、呼吸器症状を主訴とする犬の診察が増えた印象はありません。したがって、現時点で人から犬への感染はしにくいと考えられており、仮に感染したとしても、人への感染はさらに可能性が低いといえるでしょう。また、犬が新型コロナウイルス感染症まん延に関与しているという話もなく、世界の専門家、公的機関も犬においては積極的なＰＣＲ検査を推奨していません。

しかしながら、感染した飼い主から愛犬への濃厚接触により、感染する可能性を完全に否定はできないため、予防対策はしっかり行うのが賢明です。

コロナ対策3つのPOINT

基本事項も含みますが、今一度徹底したいポイントをご紹介!

POINT 1

まずは飼い主が感染しない

犬から人に感染したという事例は報告されていませんが、逆に人から犬に感染した事例は少なからず起きています。そのため、愛犬を守るためにもまずは、飼い主が感染しないことが大事です。日頃からマスクの着用、手洗い、消毒などをしっかり徹底しましょう。

POINT 2

密な場所は避ける

感染予防には人と同様、犬も３密（密集、密接、密閉）防止の徹底が重要です。人や犬が多く集まる公園やドッグラン、カフェなどに愛犬を連れていくことは極力、避けて。ただし、感染対策を行い、３密が避けられるのであれば、これらの場所も問題ありません。

POINT 3

ほかの人＆犬との交流を控える

公園やドッグランなどで、ほかの人や犬と交流することは、犬の社会性を身につける意味で大切ですが、コロナ禍では我慢したいもの。それは、感染している人や犬を通じ、愛犬がウイルスをもらう可能性があるため。今の時期はコミュニケーションよりも、感染対策を優先して。

飼い主が感染したときの愛犬の世話

**もし、飼い主が新型コロナウイルスに感染した場合、愛犬の世話はどうしたらいいか？
現実になった際にパニックにならないよう、シミュレーションをしておきましょう。**

接触感染と飛沫感染を防ぐ行動がマスト

今や、誰がいつ新型コロナウイルスに感染してもおかしくない状況です。そんな中、愛犬を飼っている方は特に自分が感染したときのことを考えておく必要があります。実際に感染し、自身も愛犬も路頭に迷わないためにも、できる限りの備えをしておくことをおすすめします。

飼い主が感染してしまったとき、最も重要なのは「愛犬との接触を避けること」。それは新型コロナウイルス感染症が接触感染と飛沫感染からうつるといわれているから。愛犬に触れたり、近くで語りかけることができないのはつらいことですが、大切な愛犬の健康を守るためにも、ここはぐっと耐えましょう。

BESTなのは…

ほかの家族が世話すること

愛犬には生活の拠点を移させるか、別の部屋で過ごしてもらって

自分以外に感染していない家族がいる場合は、愛犬の散歩や食事、遊びなどの世話をお願いしましょう。別々に暮らす家族がいるなら、その家に預けるか、もし同じ屋根の下で過ごす場合でも感染者とは別の部屋で過ごすように。「短時間なら大丈夫だろう」と安易な考えで、愛犬に触れたり、抱きしめるなどの行為はNG。

どうしても自分で世話するなら…

可能なら、ほかの人に世話を依頼することが望ましいですが、どうしても無理な場合は、感染対策を徹底して愛犬の世話を行いましょう。

マスクを着用する

感染対策の中で重要なことが「マスクの着用」。飛沫感染を防ぐためにも、必須です。「マスクを着用しているから大丈夫」と、マスクをつけた状態で愛犬とキスをしたり、ペロペロとなめてもらうことも厳禁！　もし、マスクの表面にウイルスが付着していた場合、そこから愛犬に感染する可能性も否定できません。

接触前後は手洗いを

犬を触った後だけでなく、触る前にも必ず、手洗いをして。流水による15秒の手洗いだけでもウイルスは100分の１に減少、石けんやハンドソープで10秒もみ洗いし、流水で15秒すすぐと１万分の１に減らすことができるといわれ、接触感染予防に非常に有効なのです。

キスをしない

通常なら、愛犬とキスをしたり、愛犬に口まわりをなめてもらうことは愛情表現のひとつで、ほほ笑ましい行為。しかし、飛沫感染予防の観点からは絶対に行わないように。また、キスやなめてもらう行為だけでなく、愛犬の口や鼻の近くで語りかけたり、くしゃみや咳をし、唾液などをとび散らさないようにしましょう。

抱きしめない

愛犬を抱きしめたい気持ちはよくわかります。新型コロナウイルス感染でいつも以上に心細くなっているときは、なおさらでしょう。しかし、接触感染の可能性があるため、決して抱きしめないように。愛犬のほうから体を擦り寄せてくるなども考えられるため、可能なら、サークルに入れて隔離しておくことが理想です。

食べ物を共有しない

食事中に愛犬に対し、自分が食べているものをあげる飼い主は案外多め。しかし、感染中は絶対にやめましょう。食べ物に付着した感染者の唾液を通じ、愛犬にウイルスがうつる可能性が考えられるため。また、飼い主があげなくても、食べこぼしを愛犬が拾い食いしてしまわないように要注意も。

食器・タオルなどを共有しない

感染者の飛沫が付着することが考えられる食器やタオルなどを愛犬に使用するのもやめましょう。愛犬には専用の食器やタオルを用意し、それらを使うように。テーブルの上に感染者の飼い主が使ったコップや皿を置きっぱなしにし、目を離した隙に愛犬がなめてしまったなんてこともないように気をつけて。

いっしょに寝ない

飼い主にとって、愛犬と寝るのは至福の時間ですが、感染中は別々に寝ましょう。いっしょに寝てしまうと、手や顔などを通じての接触感染はもちろん、くしゃみや咳を通じて唾液がとび、愛犬の鼻や口からウイルスが侵入してしまう可能性があります。そのため、治癒するまでは、愛犬とは別の部屋で寝るように。

ペット預かりサービスなども調べておく

新型コロナウイルス感染症の怖いところは突然、重症化してしまうケースがあること。そんな事態が起きたら、愛犬の世話も困難になってしまいます。そんな最悪のケースに備え、頼れる身内や友人がいない方は民間のペット預かりサービスやペットホテルなどをリサーチし、目星をつけておくとよいでしょう。

COLUMN

ペットフードは最低限、2週間分は用意して

新型コロナウイルス感染症が治癒するまでの期間を考慮し、愛犬が普段食べているペットフードを最低限、２週間分は、用意しておきましょう。ストックが切れた場合はネットショッピングなどで購入も可能ですが、いつもの種類が完売などのケースもあるため、事前に用意しておくことに越したことはありません。また、身内や友人、ペットホテルなどに預ける場合にはペットフードとともに、愛犬の年齢や不妊去勢手術の有無、マイクロチップ装着の有無、運動習慣、健康状態、性格、飼育上の注意点、かかりつけの病院などを明記したメモやノートを渡すと安心です。

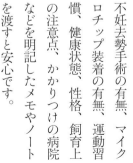

愛犬がコロナに感染したときの対応

犬は新型コロナウイルスに感染しても、症状が出ない、もしくは軽症ですむことが多いですが、飼い主がとるべき対応をまとめました。過剰に慌てたり、不安にならず、冷静に判断・行動しましょう。

基本の流れ

STEP 1 まずはかかりつけの動物病院に電話

下痢や嘔吐、発熱などの症状が見られたら、かかりつけの動物病院に電話で相談しましょう。獣医師から、「ご家族に感染された方はいますか？」などの質問とともに、愛犬の症状について詳しく聞かれるはず。さらにそれらの症状から可能性のあるほかの病気や必要な検査、来院の必要性などの説明もあるでしょう。

STEP 2 受診をし、場合によってはPCR検査を受ける

新型コロナウイルス感染症の可能性が高く、来院が必要な場合は、動物病院を受診します。犬において、積極的に行っていないPCR検査ですが、必要に応じて行うことも。

STEP 3 必要があれば、治療を受ける

症状が出ないケースが多いですが、万が一、嘔吐や下痢が見られる場合は対症療法として、吐き気止めや止瀉薬を使用します。PCR検査で陽性と判定されても症状がなければ、特に治療は行われません。

STEP 4 軽症なら帰宅し、重症なら入院する

軽症であれば、帰宅して様子を見ながら自然治癒を目指して。脱水症状が認められれば、入院をさせ、静脈点滴による輸液療法、あるいは皮下点滴が行われます。多くの場合、3～5日程度で治癒するでしょう。

感染症状が出ないうえに無治療で回復するケース多数

犬の場合、現時点では仮に感染したとしても、症状があらわれない可能性が高く、残念ながら、「この症状が新型コロナウイルス感染症によるもの」と判別できる症状がありません。ちなみに「犬コロナウイルス感染症」の症状は

その他多くの感染症や胃腸炎と同様、下痢、嘔吐、発熱、食欲不振などが見られます。基礎疾患を持たない健康な犬であれば、新型コロナウイルス感染症でも、犬コロナウイルス感染症でも、無治療で回復することは珍しくありません。

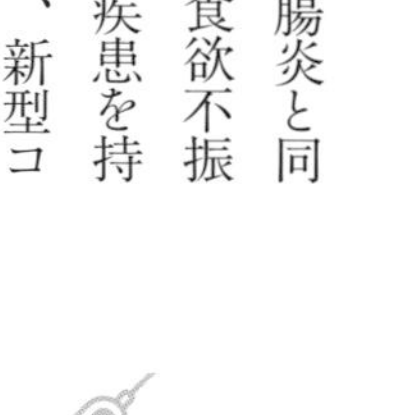

もっと知りたい！
こんなとき、どうする？ Q&A

周囲に経験した人がいないから、聞くに聞けない……。

そんな愛犬の新型コロナウイルス感染症について、気になることを深掘りしてみましょう。

Q ペット保険は使える？

A 保険金がおりるケースも。ただし、加入会社の条件によります

ペットの医療費は想像以上に高額なことも多いため、加入者が増加しているペット保険。新型コロナウイルス感染症に関しての医療費補償に関しては、ペット保険会社によってさまざまで、支払われるケースも。まずは自身が加入している会社に補償内容や補償額などを確認してみて。中には、飼い主が感染した場合に見舞金を支払ってくれるペット保険会社もあるようです。

Q 公的手続きはどうすればいいい？

A 飼い主が直接問い合わせできる公的機関はありません

犬に積極的にPCR検査をすることは、医療的資源の優先順位の観点からも、世界の多くの専門家、公的機関からも推奨されていません。かかりつけの動物病院で電話相談のうえで受診、その他症状の類似する感染症の除外を行ったうえで、万が一、PCR検査が必要と判断され、陽性結果が出た場合は、獣医師が国立感染症研究所獣医科学部に連絡することになっています。

Q 後遺症は残る？

A 現状では犬の後遺症は報告されていません

人の場合、後遺症として倦怠感や頭痛、息切れ、体の痛み、持続性の咳などが見受けられます。また、感染した猫が回復しても、肺にダメージが残ったという報告も。ただし、現状、犬の場合はそのような報告はありません。そもそも感染事例が少ないため、検証が十分に行えないという側面は否めませんが、何はともあれ、感染しないことが重要です。

Q 動物病院で預かってくれる？

A 預かりを希望する場合は、動物病院に相談をしましょう

感染していても、軽症の場合は基本的に自宅に連れて帰り、様子を見るようにという指示が下されます。重症の場合のみ、動物病院に入院させることに。ただし、多頭飼いでほかの犬への感染が心配だったり、仕事の都合で世話ができないなどの理由から、軽症でも自宅療養が困難な場合は、動物病院で愛犬を預かってもらえないか、相談をするのもひとつの手段です。

ひと目でわかる!

成長カレンダー

成長、健康、しつけの流れ

年齢	時期	成長	ワクチン	しつけ
2週間	パピー期 0〜2カ月ごろ	●目が開いてくる		
3週間	パピー期 0〜2カ月ごろ	●乳歯が生えてくる		●社会化期が始まる
1カ月	パピー期 0〜2カ月ごろ	●よちよち歩きが始まる ●ほえる・うなるなどの感情表現を見せ始める		●母犬、きょうだい犬とのかかわりの中で序列などの犬社会のルールを学ぶ
2カ月	パピー期 0〜2カ月ごろ		●1回目の混合ワクチン接種（母犬のワクチンが完全であれば）	●食事のしつけ、トイレトレーニングなどの生活ルールを教える ●社会化のトレーニング（生活音や他人に触られることなどに慣らす）をする
3カ月	幼犬期 3カ月〜1才半ごろ	●乳歯が生えそろう	●2回目の混合ワクチン接種 ●3カ月以降に1回目の狂犬病予防接種。以後、毎年4月に追加接種	●抱っこで外出（プレ散歩）。よその人や犬、外の刺激や車などに慣らす ●室内でリードをつけて歩く練習をする
4カ月	幼犬期 3カ月〜1才半ごろ	●不妊・去勢手術の終了（2〜4カ月ごろ） ●乳歯から永久歯に生え変わり始める ●オスがマーキングをするようになる	●3回目の混合ワクチン接種	●ワクチン接種が終わったら地面に足をつける散歩や公共の場にデビューOK ●社会化のトレーニングはこのころまでに ●トリミングデビュー ●オスワリ、フセなどの行動を覚えるトレーニング
5カ月	幼犬期 3カ月〜1才半ごろ	●乳歯から永久歯への生え変わりが進む		

＊成長は平均的な目安で、個体差があります。しつけは子犬を家に迎えた月齢からスタートします（上の表では2カ月）

成犬期

1才半〜7才ごろ

シニア期

7才ごろ〜

6カ月

- 本格的な運動ができるようになる
- ドッグランデビュー

7カ月

- 不妊手術をしていないメスは初めての発情を迎える
- 永久歯が生えそろう（〜11カ月）

10カ月

- 体の大きさ（体高）が成犬に近づく

1才

- 年に1回定期健診を受ける
- 1年に1回混合ワクチン接種または抗体価検査、年に1回狂犬病予防ワクチン接種

1才半

- 骨格がほぼ完成する
- 落ち着いて行動できるよう、しつけやトレーニングを続ける

2才

2才半

- 心身ともに落ち着いてくる

成犬期全体にわたって
年に1回
健診を受ける

成犬期全体にわたって
1年に1回混合ワクチン接種
または抗体価検査、
年に1回狂犬病予防ワクチン接種

10才

13才

- 認知症の症状を見せる犬が出てくる

16才

- 寿命を迎える犬が多くなる

シニア期全体にわたって
3〜6カ月に1回
健診を受ける

トイ・プードルの年齢換算表

トイ・プードル	人間	トイ・プードル	人間
1カ月	1才	7才	44才
2カ月	3才	8才	48才
3カ月	7才	9才	52才
4カ月	10才	10才	56才
1才	15才	11才	60才
2才	24才	12才	64才
3才	28才	13才	68才
4才	32才	14才	72才
5才	36才	15才	76才
6才	40才	16才	80才

小・中型犬の年齢換算の目安です

*ワクチン規定はAAHA（アメリカ動物病院協会）の規定に基づく

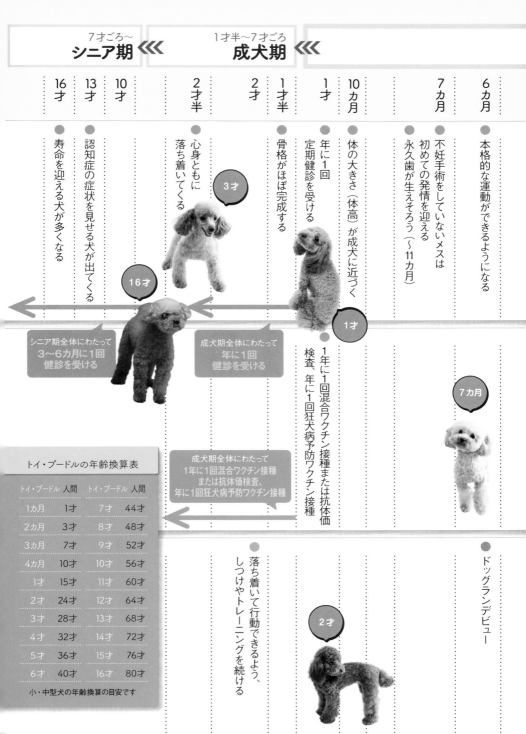

0〜2カ月　体重目安：100g〜2kg

パピー期

3週目ごろから「社会化期」に

生後3週目ごろから、さまざまなことに慣れる「社会化期」（p.62参照）が始まります。4カ月ごろまでにたくさんのことに慣れさせ、基本のしつけを行うことが重要です。家に迎えた日から、社会化期に必要な体験とパピートレーニング（PART 2参照）を行いましょう。

体に触れることに慣らして

人間が大好きで体を触られるのが好きなトイ・プードルに育てましょう。子犬を迎えたら早い時期から体に触れて、慣れさせていきましょう。触ってもおとなしくしていたらほめて、犬が自ら学習していくことがポイント（p.40参照）。

2カ月ごろまでは母犬のもとで育てる

生まれたてのトイ・プードルは100〜150gほど。生後3週間ごろまでは母乳を飲んで育ち、母犬が肛門や尿道をなめて刺激し、排泄を促します。生後3週間ごろになるとやわらかいフードを食べ始めるようになり、自分で排泄するようになります。

1回目のワクチン接種

1カ月半から2カ月ごろになると、母犬からもらった免疫抗体が減ってくるので、2カ月までに1回目の混合ワクチンを接種します。ペットショップやブリーダー、保護団体によっては、譲渡前に接種をしている場合もあり、確認が必要です。

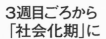

予防接種プログラムを立てる

子犬を迎え、数日して落ち着いたら、動物病院で健康診断を受けます。獣医師と相談し、混合ワクチン接種または抗体価検査、狂犬病予防接種なども、できる時期がきたら早めにすませるよう計画を立てましょう。ノミ、ダニ、フィラリア予防のプログラムも。

マイクロチップを入れてもらう

マイクロチップは、犬の迷子札のようなもの。個体識別番号が記録された直径2㎜、長さ12㎜ほどのカプセルを犬の体に注射で入れます。万が一、犬が迷子になったとき、専用の読み取り機で特定します。登録を希望する場合は、取り扱いのある動物病院へ。

1才

不妊・去勢手術は早期に終了

メスは最初の発情（初潮）を迎える前に不妊手術をしておくと、乳がんや子宮蓄膿症は、ほぼ100パーセント予防できます。不妊手術は、4カ月までにすませます。オスの去勢手術も同様の時期がおすすめ（p.158参照）。

3カ月

4カ月半ごろまで社会化のレッスンを

3週目ごろから始まった社会化期は、4カ月ごろまでが最も重要です。パピー期から引き続き、さまざまなことに慣らし、よその人や動物に会わせる機会をできるだけ多くつくりましょう。

栄養価の高い食事を十分に

生後6カ月ごろまでは、体がどんどん成長する時期。良質な食事を与えることが重要です。犬の月齢や年齢に合わせた栄養価の高いドッグフードを選び、十分に食べさせましょう（p.124参照）。

成犬期

1才半～7才　体重目安：3～5kg

食事管理、ストレスの発散も

健康維持のために食事は適量を守りましょう。成犬は幼犬期より必要なエネルギーが減るので注意。散歩を習慣にし、適度な刺激を与えることでストレスを発散させましょう。

被毛や耳、歯のお手入れを欠かさずに

毛玉のできやすいトイ・プードルにとって毎日のブラッシングは欠かせません。定期的な被毛のカット、耳のお手入れ、歯磨きの習慣を怠らないで（PART 4参照）。

病気の予防を続ける

1才以降は、混合ワクチン接種または抗体価検査、狂犬病の予防接種を年1回忘れずに。ノミ、ダニ、フィラリアの予防もずっと続けて。また、年1回の定期健診も必ず受けましょう。

成犬になっても同じしつけを続ける

パピー期や幼犬期にしつけたことは、成犬になっても続けます。また、成犬になってからでも十分新しいことも教えられます。

シニア期

7才～　体重目安：3～5kg

負担のない環境を整えよう

夏は涼しく冬は暖かい、体に負担のかからない環境を整えましょう。つまずきや転倒を防ぐため、室内をできるだけバリアフリーにするのも大切。また、散歩は犬の体力に合わせて、無理のない距離・時間に。

いい刺激を与え続けて

シニア犬になったからといって放っておく時間が長くなると、ますます老化が進むことにも。運動、声かけやスキンシップを行い、しつけを続けることで、刺激を与えましょう。

定期健診の回数を増やす

体のあちこちの機能が低下して抵抗力が弱まります。白内障やがんなど老犬ならではの病気をチェックしてもらいましょう。犬の3カ月は人間の1年です。成犬になってからは犬の1年が人間の4年に当たります。10才を過ぎたら、3カ月に1回は健診を受けましょう。

フードはシニア用に切り替えましょう

消化能力も落ちるので、食事は栄養価が高くて消化しやすいシニア用フードを与えましょう。

PART.1

いっしょに暮らす準備と基本のしつけ

Toypoodle

必要な飼育グッズをそろえよう

子犬を迎える前に環境を整えて

子犬を迎え入れるために、早めに必要なものを用意しておきましょう。ドッグフードはショップやブリーダーのところで与えていたものを確認。いきなりフードを変えると、食欲不振や体調不良の原因になるかもしれないからです。犬の居場所になるサークル、トイレ用品、寝るためのベッドもしくはクレート、お手入れグッズ、お散歩グッズなどの生活必需品もそろえ、場所を確保しておきます。おもちゃは好みがあるので、いろいろな種類を試してお気に入りを見つけてあげましょう。

室内で使うグッズ

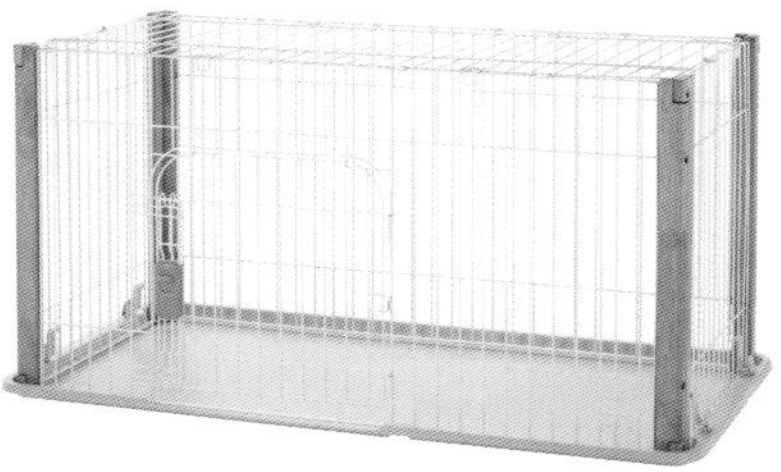

バンビーノ ドッグサークル／Ⓡ

サークル（ケージ）

犬専用のスペースを確保するために使います。ベッドやトイレをサークル内に置く場合、ある程度の大きさがあり、サイズを調節できるタイプが便利。トイ・プードルはジャンプ力があるため、乗り越えて落ちると危険なので天井つきのケージを選びましょう。

トイレトレー、ペットシーツ

小型犬用のものを選び、トレーとシーツの大きさを合わせて購入して。ペットシーツはトイレトレーで固定して使います。

おもちゃ

不安をまぎらわせ、かみたい欲求を満たすのに役立ちます。マナーを覚えさせるために使うことも。「コング」というフードを入れられるタイプもあります。ボタンがついたぬいぐるみや壊れやすいおもちゃは、誤飲しないように注意が必要です。

アニマル ひっぱれ隊 ベア隊長、ノーパンクボール／Ⓓ

お出かけ&お休みグッズ

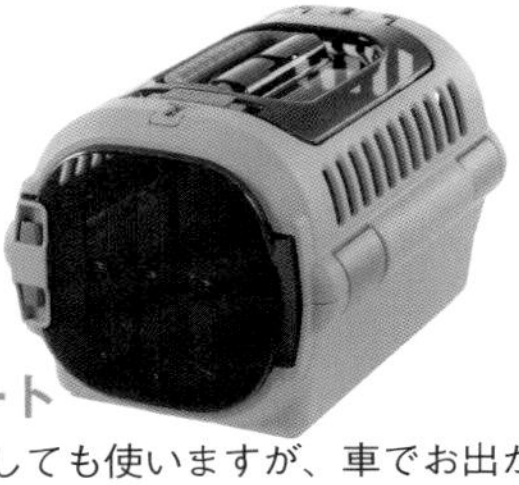

クレート

寝床としても使いますが、車でお出かけのときはキャリーケースとして使うこともできます。

キャンピングキャリー ファイン ダブルドア S ／Ⓡ

キャリーバッグ

お出かけのときにあると便利です。肩にかけられるので、歩いてお出かけのときに楽です。

軽量リュック3WAYキャリー／Ⓟ

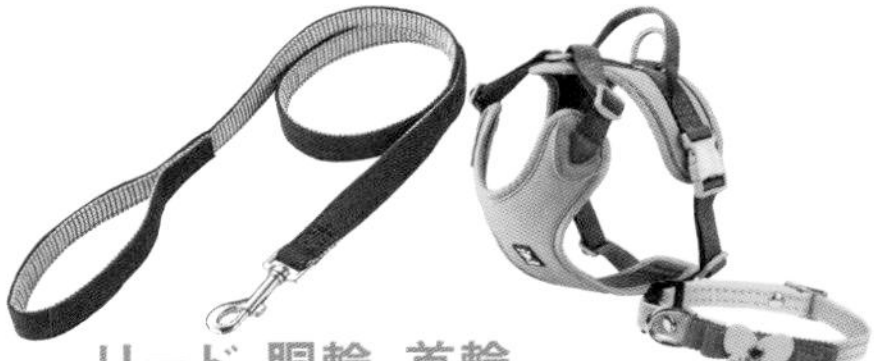

リード、胴輪、首輪

子犬の頃から首輪に慣れさせておきましょう。トイ・プードルは首輪より胴輪（ハーネス）のほうが首への負担は少なめ。

フルッタ ウォーリアハーネス、Sippole カジュアルリード／Ⓟ レザープチパピヨンカラー／Ⓑ

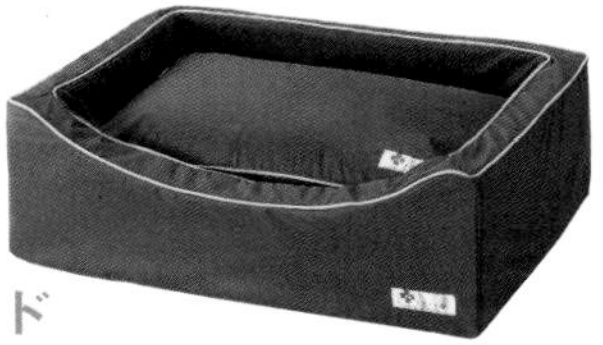

ベッド

かんでもほつれにくいように、縫い目がしっかりしたものを用意。

スクエアカドラー＋クッション・リュクス／Ⓟ

お手入れグッズ

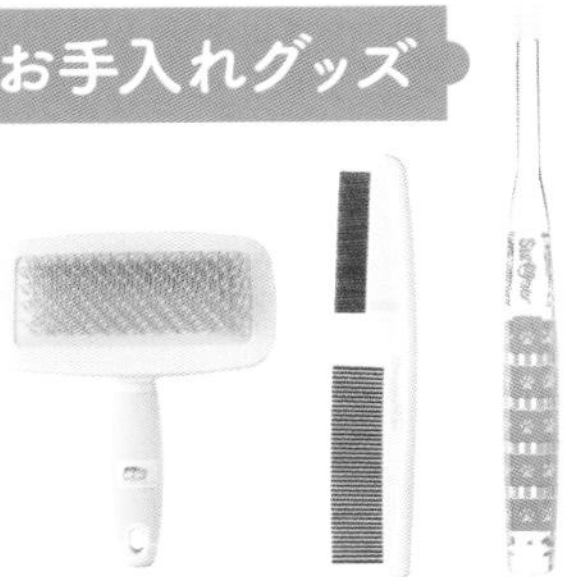

コーム、スリッカーブラシ、歯ブラシ、はさみ、つめ切り

毛玉を防ぐためにもブラッシングが必要です。コームやスリッカーブラシを用意しておきましょう。歯ブラシは犬用もしくは幼児用を用意。慣れないうちはガーゼでもOK。

NHS 長毛用角型スリッカーブラシS NHS-60、NHS フリー＆コーム NHS-68／Ⓓ シグワン コンパクト歯ブラシ スモール／Ⓥ

食事用品

ドッグフード、食器

食器はフード用、水用を別々に用意。陶器の食器だと安定します。給水器を使う場合はサークルなどに取りつけます。

サイエンス・ダイエット 小型犬 パピー（子犬用）／Ⓢ セルフエコワンドリンカー、便利なクローバー陶製食器、ステンレス製食器／Ⓓ

トイ・プードルと暮らすために

幸せな一生をおくれるように

ふわふわな被毛、つぶらな目、トイ・プードルの愛らしさに心を奪われた飼い主さんはたくさんいるでしょう。見た目はぬいぐるみのようですが、トイ・プードルは命ある生き物です。これから飼い主となるあなたは、何があっても最期まで責任をもって面倒を見ることができますか？　飼育には費用がかかります。また、散歩やお手入れなどの時間も必要です。具合が悪そうだったら、対処してあげなければいけません。これらを覚悟して命を預かり、幸せな日々をおくれるようにしましょう。

Advice

自分の都合ばかりでは…

いつも犬が健康な状態でいられるとは限りません。思わぬ病気やけがで動物病院を受診しなければならないこともあります。犬を飼うと、自分の都合を優先させてばかりはいられないことを覚悟しておきましょう。

COLUMN

トイ・プードルにかかる費用

●最初にかかる費用

健康診断 3,000 ～ 10,000 円
混合ワクチン接種
24,000 ～ 36,000 円
(8,000 円～ 12,000 円×3)
狂犬病予防接種　3,500 円
犬の登録　3,000 円
飼育用グッズ (サークル、ケア用品など)
30,000 ～ 50,000 円

●1年にかかる費用

フード
36,000 ～ 72,000 円
(3,000 ～ 6,000 円／月)
ペットシーツ
12,000 ～ 24,000 円
(1,000 ～ 2,000 円／月)
トリミング
96,000 ～ 180,000 円
(8,000 ～ 15,000 円／月)
狂犬病予防接種　3,500 円
混合ワクチン接種
8,000 ～ 12,000 円
フィラリア症等予防薬
6,000 ～ 18,000 円
健康診断　3,000 ～ 30,000 円

このほか、必要に応じて去勢、不妊手術の費用、しつけ教室の費用、服代などもかかります。

＊上記の価格は目安です。内容、種類、地域、病院などによって価格が異なるので、それぞれ確認してください

Advice

「かわいいもの」の買いすぎに要注意

トイ・プードルはトリミングの費用が意外にかかります。かわいいからといって、服やハーネスなどを買いすぎないようにしたいもの。できれば、家計の中で犬の予算を立てておくといいでしょう。

Advice

預け先を見つけておこう

どうしても世話をする時間がとれないときはペットシッターや犬を預かってくれる施設を利用する、犬好きの知人を頼るなどの方法があります。自分に代わって犬の世話をしてくれる人を見つけておくと、いざというとき安心。

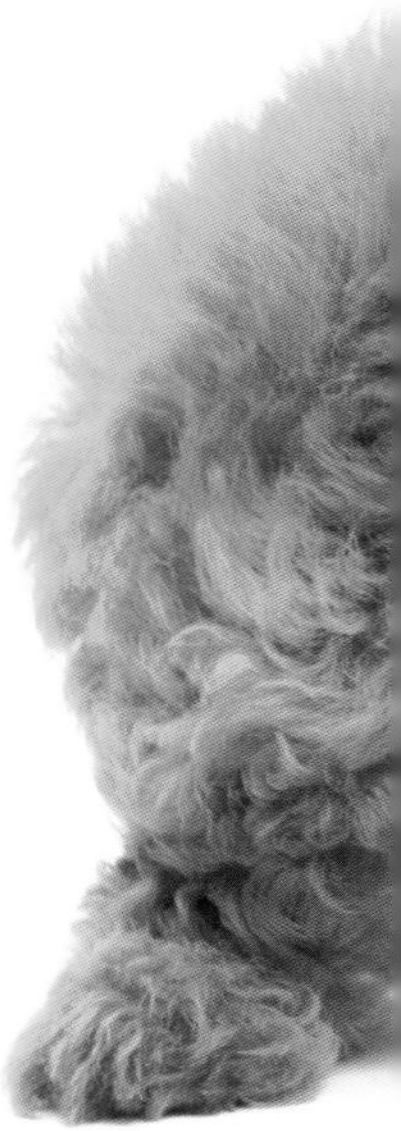

快適で安全に過ごせる部屋づくり

室内をチェックして事故やけがを防ぐ

　トイ・プードルと暮らすためには、室内環境を整えることも大切です。まず、サークルの場所を決めて、犬が落ち着けるスペースを確保します。家族の目が届き、テレビの音など普段の生活音が聞こえる場所に設置しましょう。出入りの多いドアのそばや、スピーカーのすぐ近くは犬が落ち着かないので避けます。

　また、犬はなんでもかんで確かめようとします。間違えて飲み込んだり、コードをかじって感電したりしないようチェックし、安全に過ごせるようにしましょう。

コード
犬がかじってしまわないよう、家具の後ろに束ねて隠します。

殺虫剤
ゴキブリシートやホウ酸だんごなどが置いてあると、犬が口にしてしまう可能性があります。

暖房器具
石油ストーブや電気ストーブはやけどの原因になるので、フェンスをつけるなどの対策をとりましょう。

観葉植物・鉢植え
観葉植物の中には、食べてしまうと中毒を起こすものがあります。また、鉢植えの化学肥料の入った受け皿の水なども飲んでしまうと危険。犬がいたずらできない場所へ移しましょう。

ごみ箱
ひっくり返してごみを出したりしないよう、ふたをするか、犬がいたずらできない場所へ移しましょう。

ビー玉やコインなど
ビー玉やコイン、錠剤などが床に落ちていると、犬が間違えて飲み込んでしまう心配があります。

スリッパなど
犬が遊び道具にしてしまいそうなものは、片づけておきます。

チェックポイント

キッチン、階段の入り口

犬が口に入れたら中毒を起こすものがあるキッチンや、落ちると危険な階段など、入らせたくない場所の入り口にはフェンスを置きましょう。

窓

窓からの転落事故を防ぐため、開けたままにしないように。

サークルの置き場所

犬が寂しくならないよう、家族の集まるリビングなどがおすすめです。風通しがよく、夏は直射日光が当たらないところに設置しましょう。

フローリング

フローリングはすべりやすく、けがの原因にもなるので、犬がよく通る場所にはカーペットやコルクプレートを敷いてあげるといいでしょう。

子犬が家に来た日の過ごし方

初めの数日間は見守ってあげよう

子犬を迎えてから新しい生活に慣れるまでの数日間は、できるだけ家族の誰かが家にいられるようにしましょう。当日は、新しい環境に慣れる時間が長いほうがいいので、午前中に迎えにいくのがおすすめです。帰宅したら、ペットシーツを敷き詰めたサークル内に子犬を入れて様子を見ます。おしっこやうんちをしたら、ほめてあげましょう。その後は、部屋の中を探索させたり、サークルに戻して休ませたりします。元気なようでも、慣れない環境は疲れるので、無理をさせないで。

子犬が来た日のスケジュール例

10:30 家に到着 排泄を待つ

家に着いたらサークルに子犬を連れていき、排泄するのを待ちます。排泄できたら「いい子だね」とほめて、サークルから出してあげましょう（p.44参照）。

10:40 部屋の中を探索

においをかぎながら室内を歩きだしたら、様子を見ましょう。10分ほどしたら、サークルに戻します。

子犬は排泄の間隔が短く、生後２カ月であれば２〜３時間ごとの排泄が目安。タイミングは起きたときや食事のあとや遊んでいるとき、遊んだあと。排泄できたら、ほめてあげましょう（p.44参照）。

13:00 2回目のごはん（4分の1量） 食後、排泄を待つ 寝る

「遊ぶ」「寝る」の繰り返し。タイミングを見計らって排泄を待ちましょう。

確認しておくこと

- フードの種類、量、回数
- ワクチン接種の有無、接種した場合は日付、種類と回数
- おしっこやうんちの回数
- 当日の最後の食事とおしっこ、うんちの時間
- 便検査、駆虫（虫下し）の有無

おしっこやうんちの回数や間隔について聞いておくと、家でのお世話の参考になります。ワクチン接種については、今後のスケジュールを立てるために確認しておきましょう。

引き取るときに持っていくもの

- クレートかキャリーバッグ
- ペットシーツ（数枚）
- 水
- タオル、ビニール袋など

電車や車を利用するとき、クレートかキャリーバッグを使います。水を飲むとき、おしっこをしたときの準備もしていきましょう。

10:50

1回目のごはん

生後2～3カ月の子犬であれば、食事は1日分を4回に分けて与えます（p.42参照）。食後、排泄を待ちます。

11:00

寝る

サークルで休ませます。子犬は1日のうちのほとんどを寝て過ごします（p.46参照）。起きたら、排泄を待ちます。

12:50

遊ぶ

排泄後、遊びたい様子だったら、サークルから出して相手をしましょう。なでたり、抱っこしたり、おもちゃで遊んであげます。長時間だと子犬が疲れてしまうので、10分ぐらいで切り上げて。

16:00

3回目のごはん（4分の1量）食後、排泄を待つ

19:00

4回目のごはん（4分の1量）食後、排泄を待つ

20:00

寝る

鳴いたときに声をかけると、「鳴くと来る」という学習をしてしまいます。もし、夜中に鳴きだしたときは、家族のいる部屋にクレートなどを置き、安心して眠れるようにしてあげましょう。

抱っことタッチングから始めよう

安定した抱き方を覚えましょう

犬を抱くときは、犬に触る力加減や、触る場所をよく考えましょう。強く抱きしめたり、前足だけを持ち上げたり、いきなり放したりするのは禁物です。犬がプレッシャーを感じないよう、犬の後ろ側から抱きましょう。

犬の前足だけを持ち上げると肩関節に重みがかかり、脱臼してしまう恐れがあるので気をつけて。

1

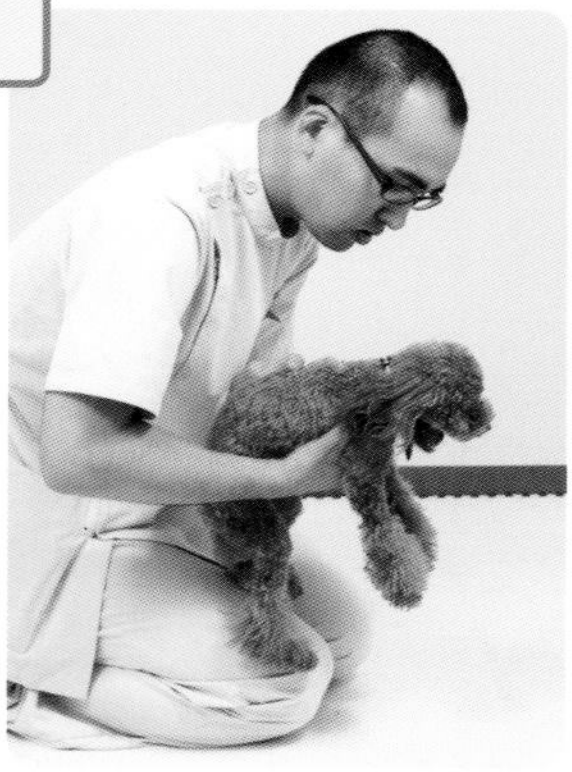

犬の後ろ側から胸を支えるように抱き上げます。

2

手をしっかりと犬の脇に固定したまま、もう一方の手をおしりにまわして支えます。

3

子犬の場合は前足の間に人さし指を入れて、抱いている人の胸に引き寄せます。

少し大きめの犬の場合

腰全体に腕をまわして支え、手でやさしく後ろ足を包みます。抱いている人の胸やおなかに引き寄せて抱えます。

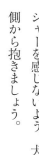

触られるのが好きな犬になるように

体を触られるのが好きになることは、日々のケアや健康チェックをするために大切です。犬が落ち着いているときを選び、嫌がる場所は無理強いせず、慣らしていきましょう。おとなしくできたら、ほめてあげましょう。

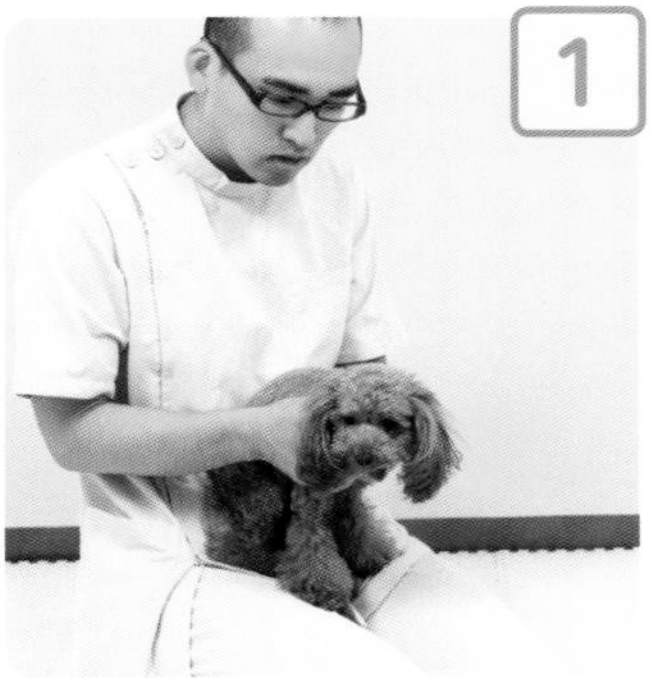

飼い主のひざの上で、抱っこと同じように犬の後ろ側から、まず背中やおなかのあたりを触り、おとなしくできたらやさしく声をかけ、ほめましょう。

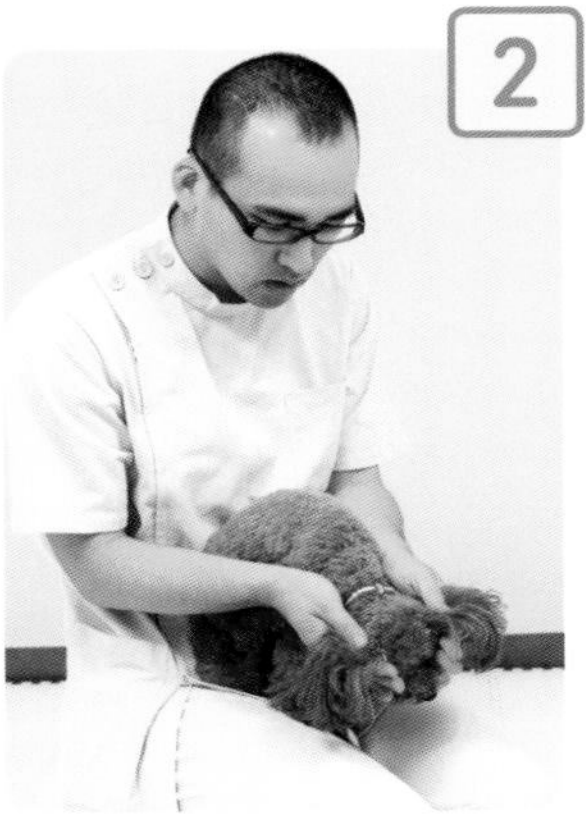

肩から顔のほうへ徐々に手を動かして触り、耳も触ります。おとなしく耳も触らせてくれたらほめましょう。

口のまわりは嫌がる犬が多いので、マズルをなでることから始めましょう。マズルをなでる流れから少しずつ歯も触り、口の中も触れるようにして。

足は先端へ向かうほど嫌がる傾向があります。足のつけ根部分から先端へ徐々に触るようにして。おとなしくできたらほめてあげましょう。

おやつをあげながら触る

犬をほめるときにおやつをあげるのもＯＫ。おやつをかじらせながら触るのがポイントです。犬にとってうれしい体験になるように慣らしましょう。

おやつをあげるときは

おやつは、フードを小さくしてそのにおいで誘うようにします。実際にあげるのは、p.64 の写真くらいの大きさです。

成長に合わせた食事を与えよう

カロリーと栄養バランスがとれるものを

ドッグフードはさまざまな研究を重ねて作られた、犬にとって最適な食事。パッケージに『総合栄養食』『ＡＡＦＣＯ（米国飼料検査官協会）』と表記されたものは、水とこのフードだけで、１日に必要なカロリーと栄養バランスがとれるようにできています。幼犬期、成犬期、高齢期といった成長段階ごとに作られているので、年齢に合うものを与えましょう。また、体重に合わせて量を調整することも必要です。ドッグフードは製品中に含まれる水分量の違いによってドライやウエットなどに分類で

子犬の食事のポイント

- **成長期の子犬は体がどんどん大きくなるので、こまめに体重チェックを行い、適切な量を知っておく。**
- **1日に与えるフードは、理想体重をもとにフードのパッケージ量を与える。もっと食べたがるようなら１割ぐらい増やしてもＯＫ。やせ気味の場合には理想体重、フード量を動物病院やペットショップに確認する。**
- **子犬は消化器官が未熟なため、1回の量を少なくして数回に分けて与える。**
- **食べ残したフードは片づけ、食事の時間を習慣づける。**
- **水はいつでも新鮮なものが飲めるように用意する。**
- **ねぎ類、（人間用の）牛乳、鶏の骨、チョコレートなどは与えない（p.126 参照）。**

きます。ドライフードはかみ応えがあり、歯石予防の効果、衛生面からもおすすめです（p.124参照）。

子犬の食事の変化

母乳の時期

離乳食期

生後4週ごろからミルク以外の食べ物に慣れさせていきます。初めはドッグフードに温水を混ぜ、かゆ状にしましょう。徐々に水分を少なくし、生後6～7週間ぐらいで離乳させ、固形タイプに切り替えます。

離乳後から生後4～5カ月

1日のフードの回数の目安 4回

飼い主のところに子犬が来るのは、生後2～3カ月のころでしょう。最初のうちはショップなどで与えていたものと同じドッグフードを数日続けます。別のものに切り替えるときは少しずつ混ぜて、2週間目以降は獣医栄養学に基づいたドッグフードに切り替えましょう。成長が早いので、少なくとも週に1回のペースで体重を測り、しっかり食べさせてあげて。

生後5～8カ月

1日のフードの回数の目安 3回

生後8カ月以降

生後8カ月を過ぎると成長も緩やかになるため、この頃から1日の食事の回数を徐々に減らします。

1日のフードの回数の目安 3～2回

大切なトイレトレーニングをしよう

サークル内で排泄させることから

トイ・プードルを迎えたその日からトイレトレーニングを始めましょう。最初にあちこちに失敗させてしまうとなかなか覚えなくなるので、初めの1週間が大切です。

サークル内にペットシーツを敷き詰め、その上でおしっこやうんちをしたらほめてあげます。サークルの外にいるとき、子犬が排泄しそうなそぶりを見せたら、サークル内に誘導し、排泄するのを待ちましょう。成功するようになったら少しずつペットシーツをはずしていき、最後はトイレトレーを置いて完了です。失敗したときに叱ると、排泄することがいけないことだと思ってしまいます。決して叱らないようにしましょう。

排泄のタイミング

以下のようなタイミングで排泄することが多いので覚えておきましょう。

●寝起き
朝起きたときや、お昼寝から目覚めたときなど。

●食後
フードを食べたあとや、水を飲んだあとなど。腸の動きが活発になります。

●遊び中
遊んでいるときや、興奮しているときなど。

排泄前のしぐさ

以下のようなしぐさをしたときは、ペットシーツに移動させましょう。

●落ち着きがなくなり、ウロウロし始めます。
●地面（床）のにおいをしきりにかぎ始めます。
●その場でクルクルまわり始めます。

トイレトレーニングのポイント

最初は失敗しても当たり前。失敗してもいいように、排泄をしてほしくない場所には近づけないで。

●成功したときは、たくさんほめてあげる。
●留守中はサークル内に入れて、排泄の失敗をしない環境をつくる。
●失敗しても叱らない。「排泄＝叱られる」と学習し、ソファの後ろなどで隠れて排泄するようになってしまう。

1

サークル内はベッドを置いた場所以外にペットシーツを敷き詰めます。

2

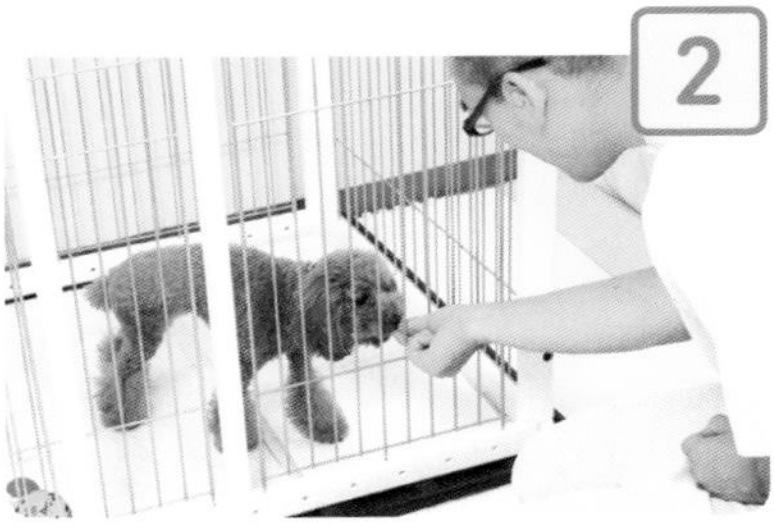

子犬をサークルに入れ、排泄したらほめて、ごほうび（フード1/2粒ほど）をあげます。サークル内なら、どこにしても成功です。

3

排泄したペットシーツは新しいものに取り替えます。成功する回数が増えたら、ペットシーツを２枚ぐらい外します。

4

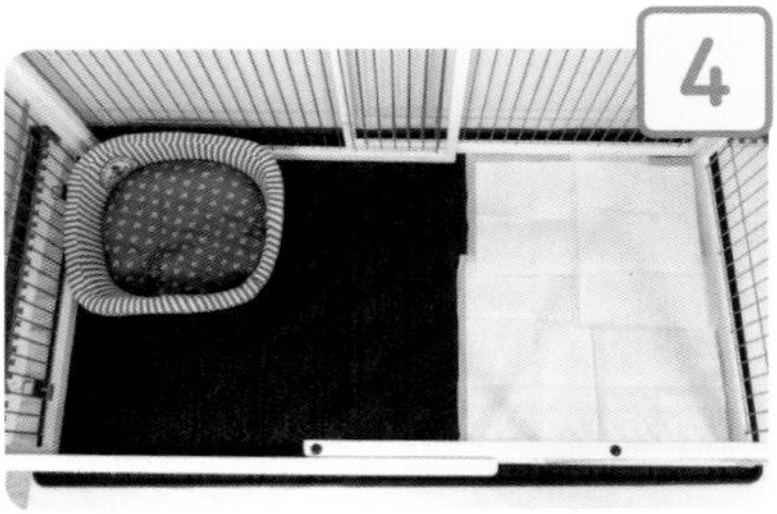

さらに成功するようであれば、もっと減らします。もしこの段階で失敗するようなら、ペットシーツを前の状態に戻しましょう。

5

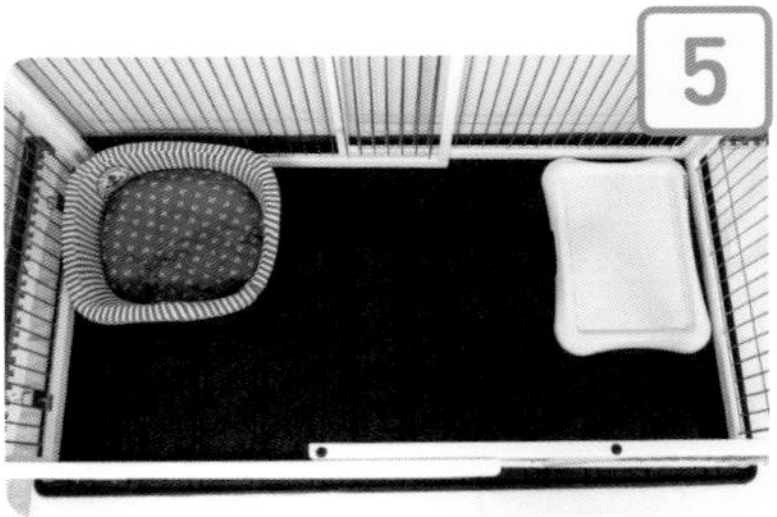

ペットシーツの上に排泄するようになったら、トイレトレーを置いて完了。ベッドとトイレは離れた位置にセットしましょう。

たっぷりの睡眠と楽しい遊びを

寝るときは準備したベッドに

子犬は寝ていることが多く、日中は「1～2時間ほど寝て、起きて遊ぶ」を繰り返し、1日15～18時間近くを寝て過ごします。寝ている間は起こさずに十分な睡眠をとらせてあげましょう。寝る場所はサークル内のベッドが基本。家に来て数日は夜鳴きをすることがありますが、そのときはサークルを飼い主の寝室に設置してもいいでしょう。クレートなどを一時的な寝床にしてもかまいません。また、夜になってから子犬と遊び、疲れさせたあとで寝かせることも一案です。

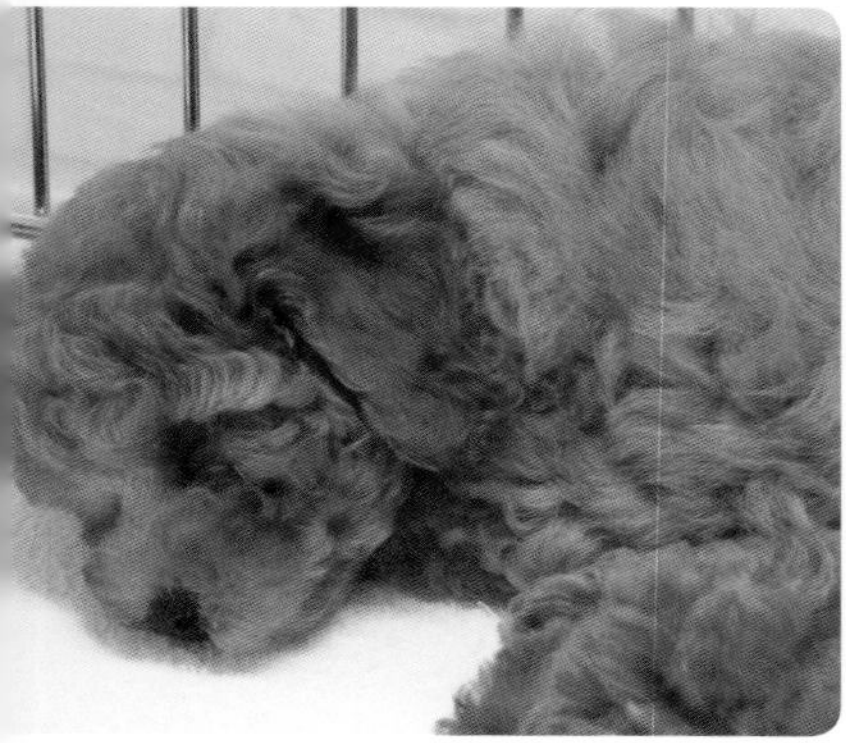

ベッドを掘るしぐさは犬の習性

犬は寝る前に、ベッドやマットを掘るようなしぐさをすることがあります。これは犬が大自然の中で暮らしていた時代に、地面を掘ってその上を踏み固めてから寝ていたことのなごり。ベッドやマットを掘って、気に入った形にしようとしているようです。犬の習性なので、好きなようにやらせてあげましょう。

子犬にとって遊びは大切なもの

トイ・プードルは好奇心が旺盛。いろいろな種類のおもちゃを与えて、好奇心を満たしてあげましょう。また遊ぶことで、獲物を追う習性などの本能的な欲求を満たすことができます。ストレスを発散させるためにも、いっしょに遊んであげてください。子犬の頃はボールを転がして誘ったり、おもちゃを引っ張りっこしたりするのがおすすめ。このとき、犬がうなったりし始めたら、遊ぶのを中断します。遊びの中で、興奮をコントロールして落ち着くことを教えましょう。

遊び方の例　おもちゃのかくれんぼ

子犬が遊んでいるおもちゃを手で隠します。

子犬が飼い主のほうを見たら、パッと手を開いておもちゃを出します。

子犬の遊び方のポイント

- 飼い主自身が楽しんでコミュニケーションを深める。
- 犬の体格に合わせて、くわえやすいおもちゃを与える。
- 誘うときはおもちゃを小刻みに動かしたり、ボールを投げたりして、獲物がいるような動きをすると興味を示す。
- 部品がとれて飲み込む危険がないか、壊れる可能性がないか、おもちゃの安全性に気をつける。
- おもちゃをくわえたまま興奮しているときはフードを見せ、「チョウダイ」と言って交換する。そのあと、抱っこをして落ち着かせる。

留守番と甘がみするときの対処法

留守番は日常の一部だと思えるように

集団で暮らしていた犬にとって、ひとりで過ごす留守番はストレスになります。初めて留守番をさせるときは、15分ぐらいから始めましょう。留守番の成功のコツは、犬に「留守番は日常的なこと」だと思わせること。そのため、外出時や帰宅時に声をかけるのはやめましょう。また、出かける前に遊んで疲れさせておくこともポイントです。犬が退屈しないようコングにフードを詰めて与える、テレビやラジオをつけたままにする、暗くなるときは明かりをつけて出かける、なども有効。

留守番の対策

- 外出時、帰宅時に声をかけない。
- 部屋を出てから犬が鳴いても戻らない。
- テレビ、ラジオをつけるなど、人がいる状況をつくる。
- 初めは短時間にして、徐々に長くする。
- コングにフードを詰めて与える。

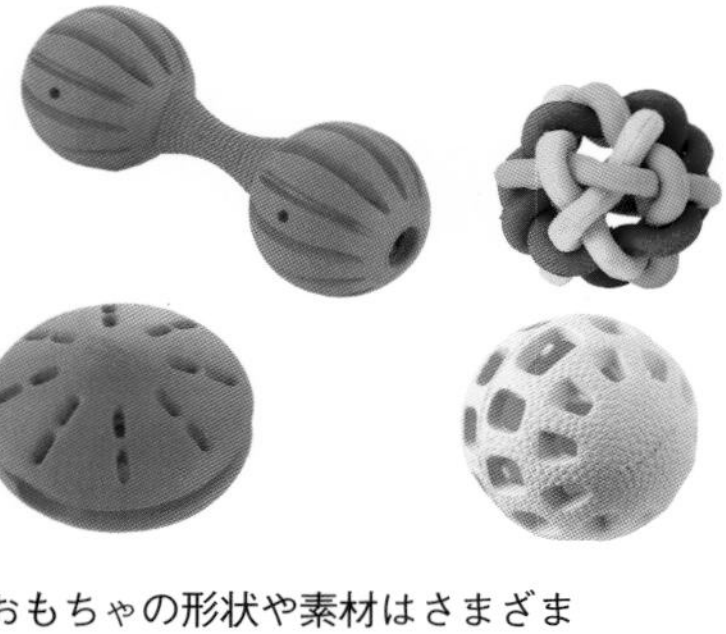

おもちゃの形状や素材はさまざま
ビジーバディ ワグル、ツイスト／Ⓡ　マカロニラバーボール、アミーバーボール／Ⓓ

コングの使い方

コングは中が空洞になっている犬用のおもちゃ。中にフードを詰めることができます。コングで遊ぶと穴からフードが少しずつ出てくるので、時間をかけて遊べるようになります。

ドライフードのみ
コングの穴からドライフードを入れます。

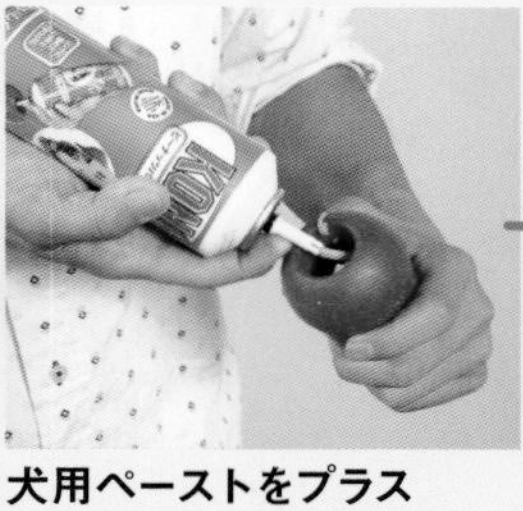

犬用ペーストをプラス
コングの内側にペーストを入れてからドライフードを入れます。

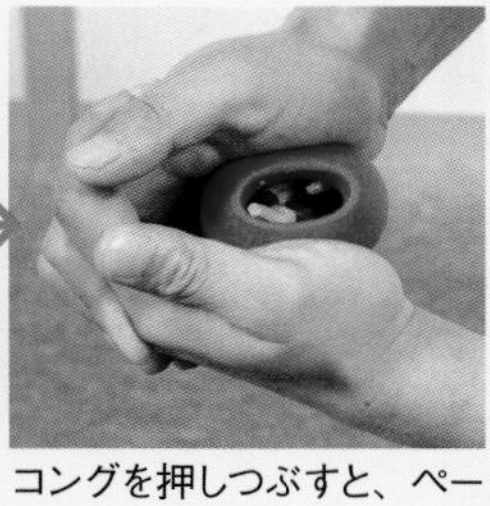

コングを押しつぶすと、ペーストでくっついてドライフードがなかなか出てきません。

＊わかりやすいように、写真ではフードを大きいままたくさん入れていますが、量や大きさは犬によって調整が必要です

甘がみが習慣化しないように

子犬は遊んでいるときや興奮したときに、甘がみをすることがあります。甘がみのいちばんの理由は、乳歯が永久歯に生え変わるときに歯ぐきがかゆくなるからですが、動くものに反応する犬の習性も関係しています。

そのまま手をかませておくと「人の手はおもちゃ」という学習をし、成犬になってからも甘がみを続けるようになってしまいます。子犬の時期に、甘がみを習慣化させないことが大切。かむ力を加減することと、人の手をかんではいけないことを教えていきましょう。

甘がみの対処法

STEP 1
遊んでいるときに甘がみをしたら、「痛い」と声を出して手を後ろに隠す（犬がハッとした表情をし、かむことをやめれば効果あり）。

STEP 2
１～２分間遊びを中断したあとに、犬が落ち着いていたら、遊びを再開する。また甘がみをしたら、「痛い」と声を出して手を隠す。甘がみするたびに、これを繰り返す。

STEP 3
しつこくかんでくる場合は、ゆっくりと立ち上がり、その場から離れる。犬がとびついてきたら、犬を残して部屋から出る。落ち着いたら、また遊びを再開する。

こんな対処法も…

遊んでいると手にからんでかむ
→犬が動いている手を追わないよう、おもちゃを使って遊びましょう。それでも手をかもうとするときは、長さがあるおもちゃを使い、手と犬との距離をあけてください。

抱っこしたり、なでようとしたりするときに手をかむ
→犬が落ち着いているときを選び、犬の後ろ側に座ります。フードをかじらせながら、ゆっくりと抱きましょう。なでるときも頭からではなく、首のあたりからやさしくなでて。

うなって、かむ
→抱っこをしようとするときや、食事中に触ろうとするときなどにうなり、かみつくことがあれば甘がみではありません。対処方法が異なるので、ドッグトレーナーなどに相談しましょう。

COLUMN

犬は群れで生活をする動物

群れにはリーダーが必要です。ただし、このリーダーというポジションは独裁的なものではないということを知っておかなければいけません。群れの中でだれがリーダーかを決めるのは、群れのメンバーです。いくら自分がリーダーだと名乗っても、理不尽な要求ばかりするリーダーにはだれもついていきません。リーダーについていけば、安全な場所が確保できたり、食べ物が手に入ったりします。そしてこれが自然界で生き抜くことにつながるからこそ、群れのメンバーはリーダーに従うのです。犬があなたの言うことを聞いてくれないのは、けっしてあなたに挑戦しているわけではありません。あなたの命令に理不尽さを感じて、ただ拒否をしているにすぎないのです。あなたが言うことを聞かせるとき、いかに自ら喜んでさせるかが重要なポイントです。おやつで誘導したり、おもちゃを使ったりすることで、犬は喜んで言うことを聞いてくれるようになり、あなたをリーダーとして認めてくれるのです。

PART.2

社会化と パピートレーニング

しぐさから気持ちを読みとる

体や顔の部位に気持ちがあらわれる

トイ・プードルはとても賢く、社交的な性格です。また、飼い主に従順。さらにほかの犬や猫などの動物とも友好関係を築きやすい特徴もあります。もともとは水鳥の回収を行う狩猟犬だったため、水遊びやおもちゃをとってくる遊びが大好き。柴犬などの日本犬に比べ、「うれしい」「寂しい」などの感情表現が豊かで、気持ちが読みとりやすいです。ただし、トイ・プードルは子犬の頃に断尾しているケースがあり、しっぽが短く、動きがわかりにくいことも。そんな場合は顔や鳴き声、しぐさから気持ちを読みとりましょう。

犬の気持ちはここをチェック

耳
うれしい、楽しい、興味があるなどのとき前方に向けられ、警戒、恐怖などを感じているときは後方に(p.56 参照)。

鳴き声
鳴き方や回数をチェック。警戒したり怒っているときは、低いうなり声に。うれしい、楽しいなどのときは高めの声。同じ高い声でも、要求があると何度も繰り返す(p.57 参照)。

しっぽ
機嫌がいい、相手より優位に思っているなどのときは高く持ち上げ、恐怖や不快を感じているときは低い位置に。動かし方からも感情が読みとれる(p.55 参照)。

背
こわいときや弱気なときは、低い姿勢になる。威嚇したり強気なときは、高めの姿勢に。

COLUMN

「カーミングシグナル」を知っておこう

「カーミングシグナル」とは犬同士のボディランゲージで、相手と自分を落ち着かせて、友好な関係を築くために行う動作。口、耳、しっぽなどを使い、メッセージを出します。カーミングシグナルを知っておけば、犬の気持ちを理解する手がかりになります。

敵意がないことを示すシグナル
ゆっくり動く、すわる、カーブを描いてすれ違う、顔をそむける・目線をそらすなど。

相手を落ち着かせたいときのシグナル
あくびをする、体をそむける、伏せるなど。

犬からのサインを見逃さないで

しぐさでわかる犬の気持ち

犬は遊んでほしいときや緊張しているとき、その気持ちを体で表現します。顔の表情だけでなく、全身に注意してサインを見逃さないようにしましょう。特にしっぽは犬の感情のバロメーター。しっぽを大きく振って足をパタパタさせているのはうれしいとき。しっぽを股の間に巻き込むように入れているときは不安や恐怖を感じているときです。しっぽを下げてゆっくり振っているときも不安なことが多いようです。よく観察してどんなときにどんなしぐさをするのか、知っておくことが大事です。

犬の本能を知っておこう

物をかじる

犬には狩猟本能があるため、いろいろなものをかじってしまいます。かじられて困るものや危険なものは、犬の生活環境には置かないように。

マーキング

縄張りの境界付近におしっこをして、ほかの犬に自分のテリトリーを知らせ、縄張りへの侵入者を防ごうとします。

動くものを追いかける

獲物を捕まえようとする狩猟本能によるもの。おもちゃのキューという音に反応したり、振り回すのは獲物にとどめを刺す行為と考えられています。

においをかぐ

犬の嗅覚はとても優れていて、人の1億倍という説もあるほど。においをかぐことで、さまざまな情報を収集しています。

しぐさと犬の気持ち

飼い主の口のまわりをペロペロ

犬が人にあいさつをするときの行動。喜んでいるしぐさです。

片足だけを上げる

前足の片方だけを少し上げるのは、緊張や相手に敵対心がないことを示している動作。

腰を上げる

前足を低くして曲げ、腰を上げるのは、遊びたい、うれしい気持ち。

体をブルブル

濡れているとき以外で体を振るのは、自分の緊張をリセットしたいときやほかの犬に敵意を示していないときにもするしぐさです。

あおむけになり、おなかを見せる

降参のサイン。「自分はまったく危険ではないから落ち着いて」と相手に伝える姿勢です。

しっぽで気持ちを読みとる

トイ・プードルに限らず、犬の感情はしっぽの動きによくあらわれます。
しっぽといっしょに、顔の変化や体の力の入りぐあいなどもチェック。

小刻みに動かす

何かに興味を示して、「何かな？」と思いながら見ているときの状態です。

左右に勢いよく振る

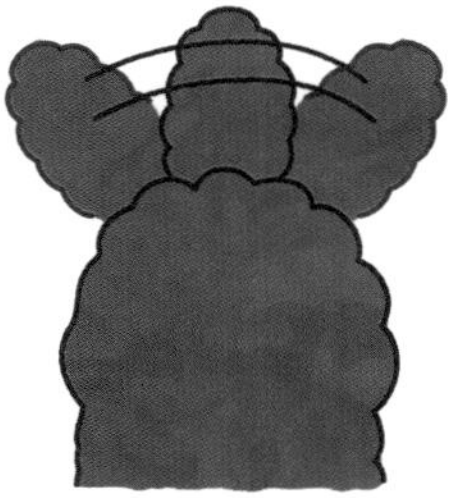

テンションが上がって楽しいときには、しっぽだけ左右に激しく振ることもあります。しっぽの力は抜けていて、体も緊張していない状態です。

おしりごと大きく振る

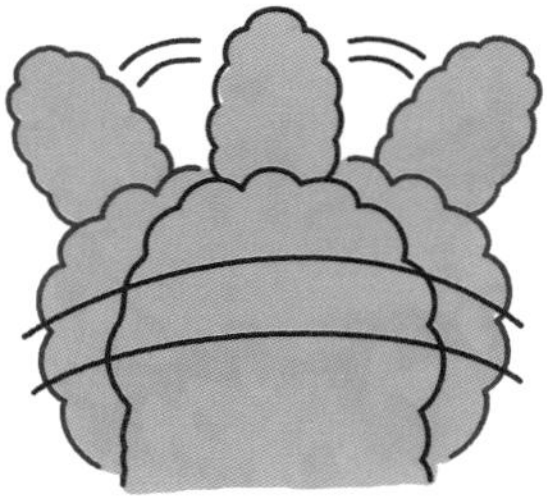

おしりごとしっぽを振ったり、腰をクネクネさせながらしっぽを振るのは、気持ちが高揚していて、「とてもうれしい」「大好き！」などと伝えたいのです。

ダラリと下げて股の間に

しっぽを下げるのは、恐怖や不安を感じているときです。こわくてしかたないときなどによく見られます。

力を入れず垂らしている

しっぽが自然な状態なのは、最もリラックスしているときです。表情もおだやかで、体にも力は入っていません。

上に立てる

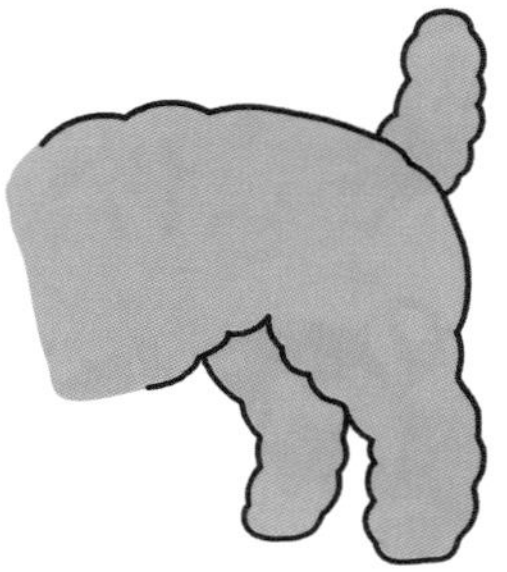

しっぽを振らず立てているのは、自分を大きく見せて、「強いんだぞ」というアピール。気持ちが高ぶり気合いが入っていますが、体の力は抜けていて臨戦態勢ではありません。

目、鼻、口元、耳で気持ちを読みとる

感情が表に出やすいといわれるトイ・プードル。
顔まわりの部位の動きにも感情が出るので、観察してみましょう。

地面のにおいをかぐ

見知らぬ犬に出会って緊張したりこわいなと感じたとき、自分や相手の気持ちを落ち着かせるための行動。鼻をクンクンさせて地面のにおいをかぐようにしながら相手に近づいたりします。

よその犬とじっと目を合わせる

散歩の途中で出会った犬などと目を合わせ、体をこわばらせているのは、一触即発の臨戦態勢に入ったときです。

飼い主と目を合わせようとする

飼い主の動きを目で追って、目を合わせようとするのは、飼い主に注目してかかわりたいとき。または、何かしてほしい要求があるときです。

耳を後ろに倒している

しっぽも下がってうつむきがちなら、恐怖を感じています。また、表情がおだやかでとびはねたり鳴いたりしているなら、喜んでいます。

目で追う

ほかの犬種は耳を立ててピクピク動かす場合、対象に興味を示している証拠。ただし、トイ・プードルはたれ耳なため、耳ではなく、目に注目を。対象物を目で追っていたら、興味のあらわれです。

あくびをする

叱られているときなどにするあくびは、気分転換のしぐさ。嫌な雰囲気を感じとり、緊張をほぐそうとしています。

鳴き声で気持ちを読みとる

鳴き声の高低や、長さ、繰り返す回数などにも、気持ちがあらわれます。
状況や表情も加味すると、さらに気持ちがわかりやすいでしょう。

アピール

サークルなどのハウスから甘えるように鳴くときは、「出して！」とアピールしています。

喜んでいる

かなり高い声でほえながらしっぽを左右に大きく振っているなら、喜んでいるということ。ただし、しっぽを振らずに「キャンキャン」と鳴くだけのときは、どこか痛いのかもしれないので、ボディチェックを。

うれしい・楽しい

高い声でほえるのは、家族が帰宅したときなどの鳴き方。テンションが上がって、鳴きながら走り回ります。

不快

犬歯（キバのようにとがった歯）を見せてうなるなら、不快なのです。嫌なことをされて、それ以上するなという警告です。

威嚇

ほかの犬など相手をにらみつけているときは、相手の行動が気に入らず威嚇しています。

不安

留守番をしているときなどに小さい声でこの鳴き方をするときは、飼い主や家族の姿が見えなくて不安に思っているあらわれ。

Q&A

トイ・プードルをもっと理解して仲よくなるために、
不思議な行動やしぐさのワケを知っておきましょう。

Q 前足をかがめて、おしりを高く上げるのはどんな気持ち？

A 「遊ぼうよ」と誘っています

これは、「プレイバウ」という、カーミングシグナル（p.52 参照）の一種。好きな相手を前にうれしくて気分が高揚し、「遊ぼうよ！」と誘っているのです。同時に、目を合わせようとしたり、しっぽを左右に振ったりと、好意をあらわす様子が見られるはずです。

Q 飼い主に前足でタッチすることがあるけれど、なぜ？

A 「かまって」というアピールです

飼い主が、テレビを見るなど自分以外のものに集中しているときに、よく見られます。自分のほうを向いてかまってほしくて、「ねえねえ」というように前足で触り、気を引いているのです。

Q 片足だけちょこんと上げることがあるのは、なぜ？

A 状況をうかがっています

周囲の状況をうかがっているときや、何か考えているときのしぐさ。飼い主が何かしているときや、病院で獣医師のすることを見ているときにも、「何をしているのかな？」と片足を上げることがあります。

Q 自分のしっぽを追いかけてグルグル回るのは、遊んでいるの？

A イライラしているのかも

子犬の場合は、自分のしっぽにじゃれているのでしょう。成犬の場合は、ストレスを感じたときに気分をまぎらわせたり、イライラを発散させるためにします。しっぽをかんで傷つけてしまうようなときは、獣医師やトレーナーなど、犬の行動学にくわしい専門家に相談しましょう。

トイ・プードルの行動・しぐさ

Q 室内のものをかじるのは、楽しいから？

A 暇つぶしの作業に夢中なのです

トイ・プードルにとって、物をかじるのは本能的な動作。気に入ったものをかむことに没頭し、楽しんでいます。ただ、暇を持て余していたり、かまってくれない飼い主の気を引きたいときにも見られるので、頻繁に物をかじるようなら、遊ぶ時間を増やしたり、かんでもいいおもちゃを与えましょう。

Q 寝る前に穴を掘るしぐさをする意味は？

A 地面を掘って、眠っていた頃のなごり

昔、自然の中で暮らしていた頃の犬たちは、地面を掘ってからその場所を踏み固めて、寝床をつくっていました。これはその頃のなごりで、本能的なしぐさ。室内では、布団やマットなどを掘るような動きをしてから、その場でグルグル回ってから横になります。

Q 散歩中、ほかの犬のにおいをかぐのは何のため？

A 相手の情報を収集しています

犬は、においをかぎ合うことがあいさつの代わり。鼻や口のまわり、耳、おしりなど、においの強い部位をかいで、情報交換をします。また、肛門近くにある臭腺をかぐことで、相手の性別や年齢、健康状態のほか、そのときの気分や自分より強いか弱いかなどの細かい情報も得ています。

Q 外に向かってほえるのは、なぜ？

A 縄張りに入ってきた相手への反応

耳やしっぽが立っているなら、自分の縄張りに侵入している相手を威嚇し、飼い主に知らせています。立派な番犬ですね。しかし、耳もしっぽも下がった状態なら、窓の外の相手をこわがっているのでしょう。うるさくほえるようなら、外が見えないようにしてあげましょう。

トイ・プードルのストレス

ストレスの要因は不快や恐怖によるもの

下記で紹介している以外に「不潔な環境」も大きなストレスに。トイ・プードルは非常にきれい好きなので、ケージ内などの狭い空間では特に排泄物をきちんと片づけ、常に清潔な環境を用意してあげましょう。また、飼い主から過剰にかわいがられ、常にいっしょに過ごすことで、依存心が増幅し、短時間の留守番でさえも不安になって、心身ともにストレスを感じる「分離不安症」を発症しやすい傾向が。犬自身にとっても不幸なことなので、日頃から適度な留守番には慣れさせるようにして。

突然の大きな音

大声や騒音などが突発的に聞こえるとおびえます。ドアをバタンと閉めたり、急に叫んだりなどしないよう気をつけて。

一頭での留守番

飼い主が大好きなトイ・プードルは、留守番などで一頭でいる時間が長いと、不安になったりさみしくなったりします。帰宅後はふれあいの時間をゆっくりとって。

動物病院での診察や治療

獣医師にあちこち触られたり痛い思いをしたりする病院は、トイ・プードルにとって最もこわい場所。通院時に入れられるキャリーを見ただけでおびえる子もいます。とはいえ、病気や健診での通院は必要なので、子犬の頃から慣らしておくなどして、通院によくない印象が残らないよう気をつけてあげましょう。

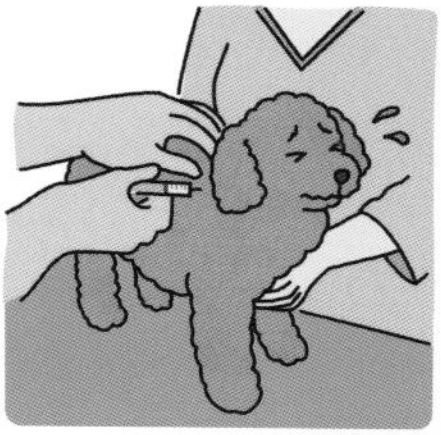

COLUMN

ストレスのサイン

犬が急にいつもと違うことをし始めたときは、ストレスが原因かもしれません。一見ストレスサインと思えないような行動も、ストレスが原因のことも。右の項目のような様子が見られたら、ストレスの原因はないか探すとともに、体調も注意深く見ることが大切です。

- □ 暑くないのにハアハアと息をする
- □ 手足や体、口元や鼻をペロペロなめ続ける
- □ やたらと体をひっかく
- □ しっぽを追いかけてグルグル回る
- □ 足の裏に汗をかく
- □ しきりにまばたきをする
- □ トイレを失敗する
- □ 飼い主に過剰に甘える
- □ 飼い主を避けようとする

ケージに入れっぱなし

自由に動けないとトイ・プードルは退屈しますし、大きなストレスを感じます。家の中では、夜、家族が寝るときや留守番のとき以外は、できるだけ自由に動き回れる環境を整えてあげましょう。

床の滑り&段差

トイ・プードルは膝蓋骨脱臼になりやすいので、屋外では段差や階段のない道を歩くように。室内ではフローリングなどの硬く滑りやすい床には、カーペットやマットを敷きましょう。また、ソファから飛び降りるのも危険なため、そもそも設置しないか、もしくは低い背丈のものを設置するなど工夫をして。

空腹

人間と同様、トイ・プードルも空腹が続くとイライラし、問題行動につながることも。毎日、年齢と体重に合った量の食事をきちんと与えることが大切です。

家族の変化

トイ・プードルは飼い主のファミリーの変化に敏感。ただし、明るく活発で社交性が高く、順応性にも優れているため、一家の子どもがひとり暮らしを始めて家族の人数が減ったり、赤ちゃんが生まれて家族が増えたりなどの変化に慣れるのに時間はあまりかからないでしょう。

散歩不足

個体差はあるものの、トイ・プードルは体力がありエネルギーにあふれた犬種なので、若い犬ほど運動や散歩が不足するとストレスから問題行動を起こすことがあります。毎日、散歩を十分して、体を使った遊びもたっぷりしてあげたいですね。

暑さ・寒さ

トイ・プードルがいつも快適に過ごせるよう、冷暖房器具やウエアなどで快適な温度を保ちましょう。暑いとハアハアと舌を出して呼吸をし、寒いと丸まってあまり動かなくなります。外飼いは、猛暑日や真冬日など、トイ・プードルにとって過酷すぎるうえ、フィラリアなど病気の心配もあるので、室内で飼うようにしましょう。

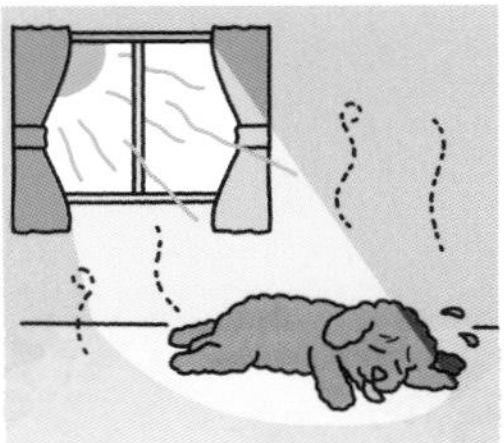

COLUMN

ストレスの原因が不明なら、これもチェック！

まずは上記のようなストレスの原因がないかを考えてみましょう。思いあたる点がなければ、犬の生活環境が快適か、右の項目をチェック。該当項目がなく、ストレスが原因と思われる行動が続くときは病気の疑いもあるので、動物病院で相談しましょう。

- □ フードは気に入ったものを与えているか
- □ 音やにおいなど、周囲に犬が嫌がるものはないか
- □ 退屈せずに遊べるおもちゃはあるか
- □ トイレは落ち着いてできる場所にあるか
- □ かまいすぎたり、逆に無視していないか
- □ 思い切り走ったり体を動かせる機会はあるか

社会化期は刺激に慣らすことが大事

感受性豊かな時期に適応力を育てよう

　犬のすべての問題行動のバックグラウンドには、「社会化」が十分に行われていないということがあります。生まれてから4カ月、人間では10才になるまでが、「社会化の感受性期」として最も大切な特別な時期です。「社会化」とは、何に対してもよく慣れさせるということです。たとえば、指の間、つめ、口の中、歯、耳、耳の穴、しっぽ、肛門、おなかなど、体を触られることやブラッシングに、ほかの犬や動物、家族以外の大人や子ども、高齢者とのふれあい、さらに自転車、バイク、道路、公園、商店街などにも慣れさせることです。特にクレート（犬の部屋または寝室）内におとなしく入っていることに、慣れさせる必要があります。

　社会化には、最初の4カ月が特に重要です。多くの場合は生後60日前後で子犬を飼い始めるので、「社会化」に残された期間は、1カ月から2カ月ほどしかありません。その短い期間に、飼い主はさまざまなことに子犬を慣れさせる必要があります。新しい飼い主が飼い始めるまでの生後60日間の「社会化」は、ブリーダー（繁殖家）のもとで、どれだけ正しい「社会化」のための愛情ある努力が行われていたかが大切になります。

　「社会化」が十分に行われなかった犬は、人との信頼関係が不十分なために、犬の性格によっては不安になったり、シャイになったり、逆に攻撃的に振る舞ったり、必要以上に飼い主に依存してしまったりするのです。

自宅に迎える前の社会化

社会性の基礎ができる

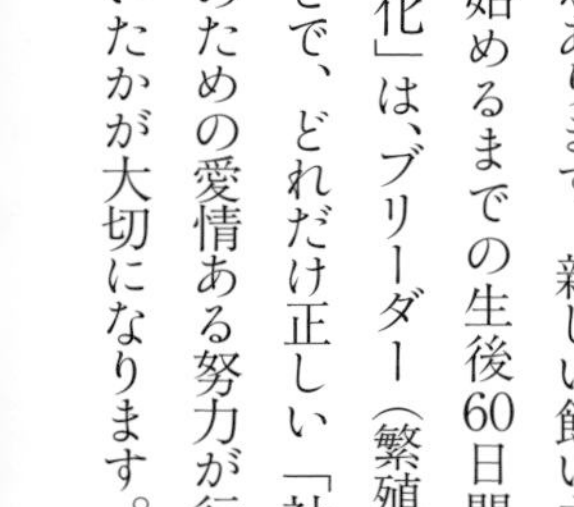

この時期の親きょうだいとのふれあいは大切な経験。母親やきょうだいとのかかわりの中で、犬同士のコミュニケーションのしかたや相手との関係性を学んでいきます。この経験が子犬の社会化のベースになっていきます。

自宅に迎えてからの社会化

まわりの環境に慣らそう

自宅に来てからも、さまざまなことに慣れさせないといけません。ただし、外ではワクチンの予防接種がしっかりと終わるまでは感染の恐れがあるため、地面に下ろしたりほかの犬と接触させたり、犬が集まるような場所にはまだ連れていかないようにしましょう。まずは生活音を聞かせ、慣れさせて。ただし無理に慣れさせようとすると、ショックや恐怖を感じることもあるため、注意が必要。あせらず環境に慣らしていきましょう。

植物

植物のにおいをかがせます。

道路

外の環境に慣れさせるため、抱っこ散歩で車や自転車を見せたり、音を聞かせたりします。

車

車のにおいをかがせます。

人

声をかけてくれた人とふれあいましょう。

掃除機

最初は掃除機を見せて、怖がらないようなら、音を出します。

首輪・胴輪をつけよう

家で装着の練習をしておこう

散歩では、事故を防ぎ、犬の安全を確保するために首輪やリード、胴輪を装着します。小型犬のトイ・プードルの場合は、胴体を支え首を絞めつけない胴輪のほうがおすすめです。

首輪のつけ方

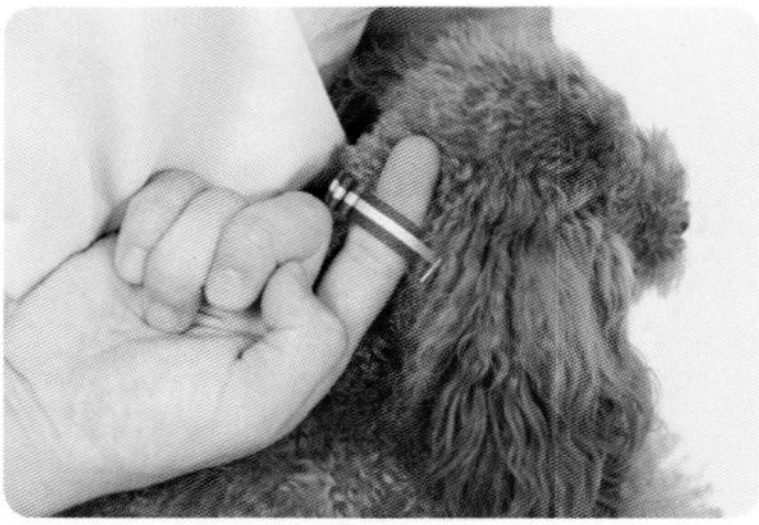

首輪はきつすぎず、緩すぎないことが大切。指1〜2本入るくらいが目安です。

首輪をつけたよ

首輪 止め具がはずれにくく、丈夫なものを選びましょう。

レザープチパピヨンカラー／Ⓑ

COLUMN

ごほうびをあげるときは

写真のように、フードを小さくして与えましょう。

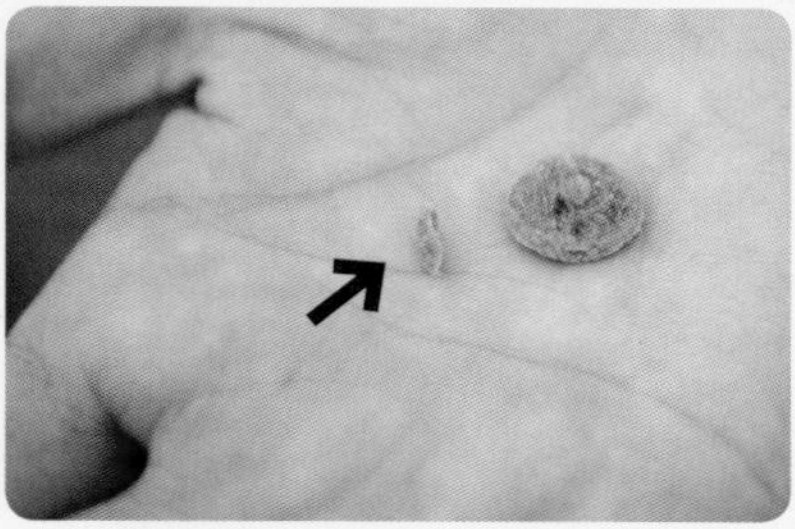

胴輪のつけ方

胴輪には、足だけをかけるタイプや首を通してから足をかけるタイプなどがあり、ここでは首を通すタイプを使っています。

1

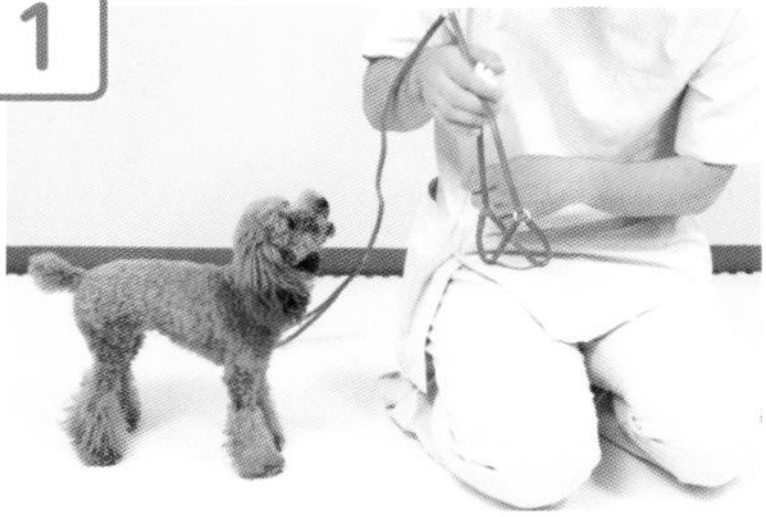

犬の横に座る

慣れるまでは、犬の横に座り、胴輪の輪のところでフードを見せながら、においをかがせます（いきなり犬の正面から胴輪をかぶせようとしないこと）。

2

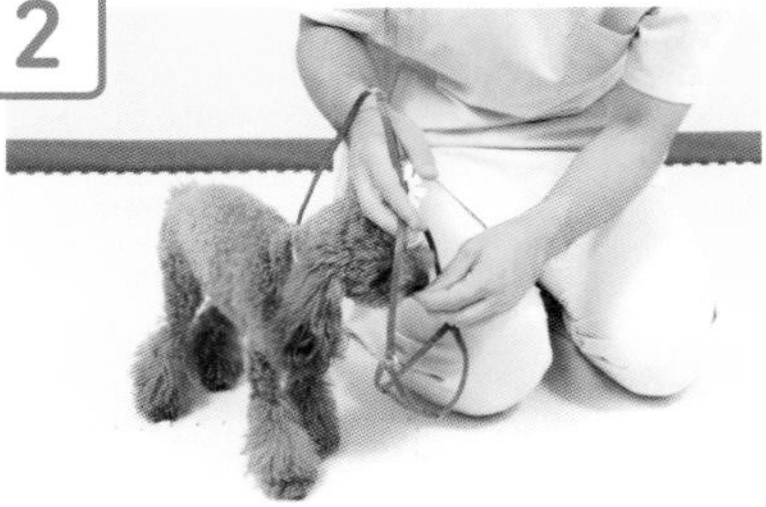

胴輪を近づける

犬の胸の位置に胴輪を近づけていきます。

3

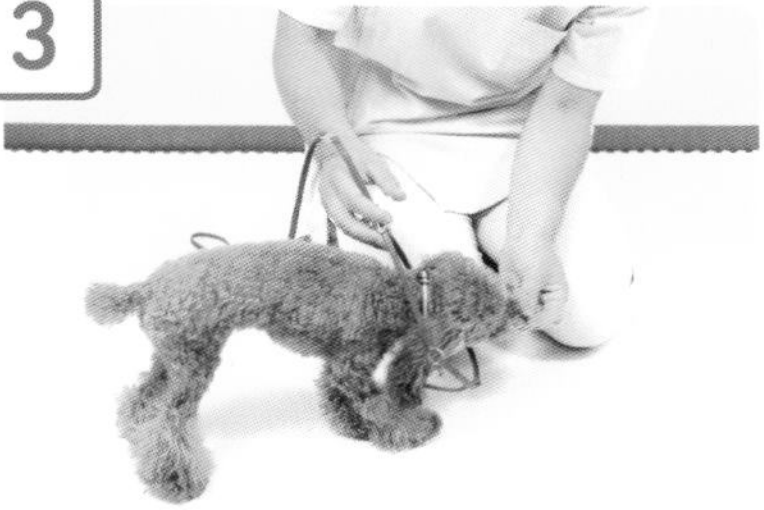

首を通させる

犬が自分から首を通すのを待ちます。

4

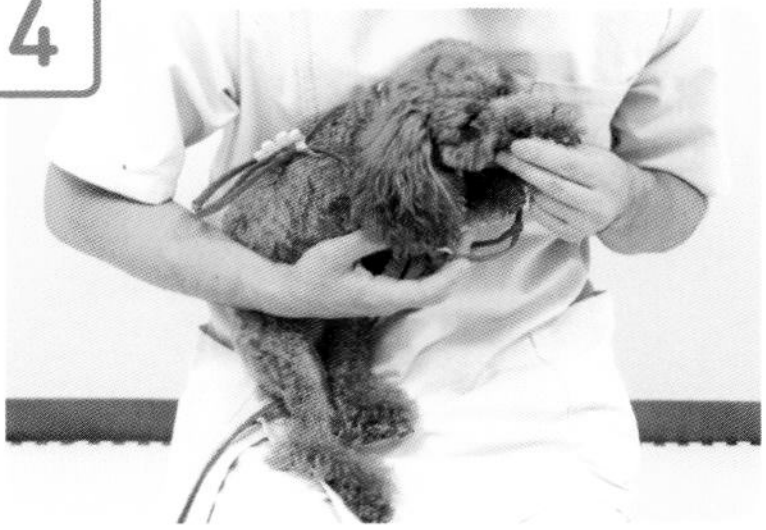

足にも通す

犬を抱え、フードを与えながら足にも胴輪を通します（２人いる場合はフードの担当をしてもらいましょう）。

胴輪

リードつきの胴輪。胴輪とリードが別々になっているタイプもあります。

犬用コンフォートハーネス リード付き スター／①

ほめて「いい行動」を覚えさせよう

ほめられた経験が犬の自信になります

犬が新しい環境で飼い主と生活していくには、犬の社会性を育てるためのレッスンが必要です。呼んだときそばに来る、静かにおとなしく待っているなど、暮らしの中で必要な行動を、少しずつ学習させていきましょう。レッスンでは、フードを使って誘導したり、ごほうびにフードを与えたりします。できたときは、たっぷりほめてあげましょう。犬は飼い主にほめられるとうれしい気持ちになり、「いい行動」を覚えていくようになります。

上手なほめ方のステップ

STEP ①

「いい行動」をしたら、ごほうびにフードをあげながら、ほめ言葉を言い、なでる。

↓

STEP ②

いいこと（フードがもらえる）があると犬はうれしくなり、また「いい行動」をしようとする。

↓

STEP ③

繰り返しトレーニングをするうちに、ほめ言葉やなでられることは、フードと同じように「いいこと」だと受け止める。

↓

STEP ④

フードはなくても、ほめ言葉、なでられるだけでうれしいと思うようになり、「いい行動」をとるようになる。

上手なほめ方

○タイミングを逃さずほめる

犬がいい行動をしたら、「イイコ」と言ってフードをあげてほめます。タイミングを逃さず与えて、何がよい行動かを伝えることが大切。ほめ言葉は「グッド」「オリコウ」など、いろいろあるので家族で統一しておきましょう。

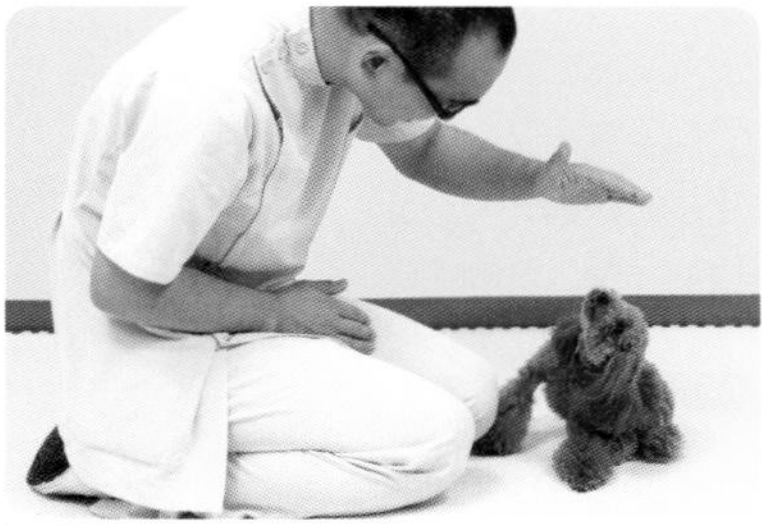

× 頭の上からなでるのは、犬にとってプレッシャーになるのでやめましょう。

× なでられることが苦手な犬もいます。嫌がるようなら、無理になでる必要はありません。

POINT

レッスンのポイント

- 「いい行動」をしたら、タイミングを逃さずにほめる。
- 叱ったり、無理じいしない。できないときは根気よく再チャレンジ。
- 集中力が大事。レッスン時間は５～10分に。
- ごほうびのフードは１日に食事として与える量の範囲内にする。

サークルに入れよう

大好きな場所になるように慣らそう

家に来たその日から、サークルは犬の生活の場となります。サークルの中が魅力的で犬が大好きな場所になるよう、寝床を用意し、おもちゃをたくさん入れましょう。慣れたら自分からサークルに入るようになります。

POINT

- 快適な寝床や新鮮な水を用意し、おもちゃをたくさん入れ、犬が気に入る場所にする。
- 初めは短時間入れて、少しずつ長くする。
- 嫌がる前にサークルから出す。

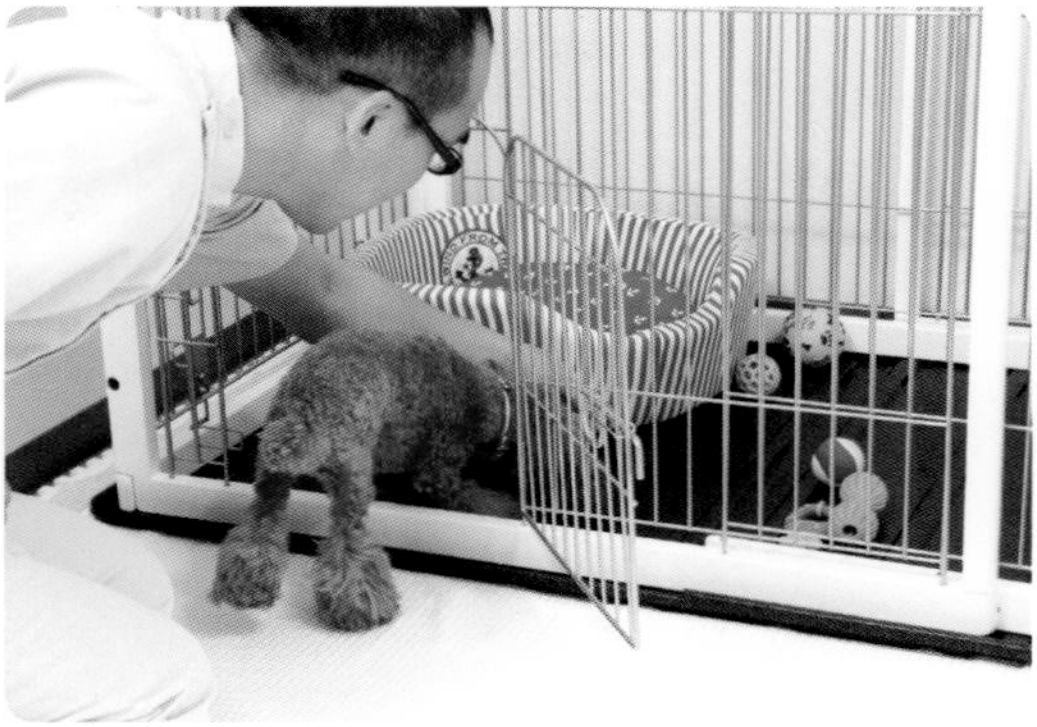

1

フードを入れて誘導

フードのにおいをかがせたら、サークルの中にフードを入れて誘導します。

2

扉は開けたままにする

犬が中に入ったら、静かに様子を見ます。扉は開けたままにしておきましょう。

3

犬が中にいるときに静かにほめる

犬が出てくるなら、サークルの中をより魅力的にして1に戻りましょう。

4

慣れたら扉を閉める

1～3を繰り返し、慣れてきたら扉を閉めます。ただし、嫌がって鳴く前に出してあげるようにしましょう。

COLUMN

犬は自分のおしっこを踏みたくないもの

犬は清潔なところにおしっこするのを好みます。おしっこで汚れているところにまたおしっこをして、足についてしまうのが嫌なのです。トイレの失敗につながるため、トイレシーツは毎回、キレイにしましょう。

クレートに喜んで入れるようにしよう

リラックスできる場所を教える

クレートは寝床としてだけでなく、車に乗せるときの居場所にもなります。サークルと同様、中におもちゃを入れ、タオルなどを敷いて心地よい場所にし、落ち着いて過ごせるよう慣らしていきましょう。

POINT

- タオルやおもちゃを入れ、犬が気に入る場所にする。
- 初めは短時間入れて、少しずつ長くする。
- 嫌がる前にクレートから出す。

1

フードを入れて誘導

クレートを指す言葉を決めます。例えば、「ハウス」と声をかけて、フードをクレートの奥のほうに入れて誘導します。

2

犬が中に入る

犬がクレートの中に入っていきます。

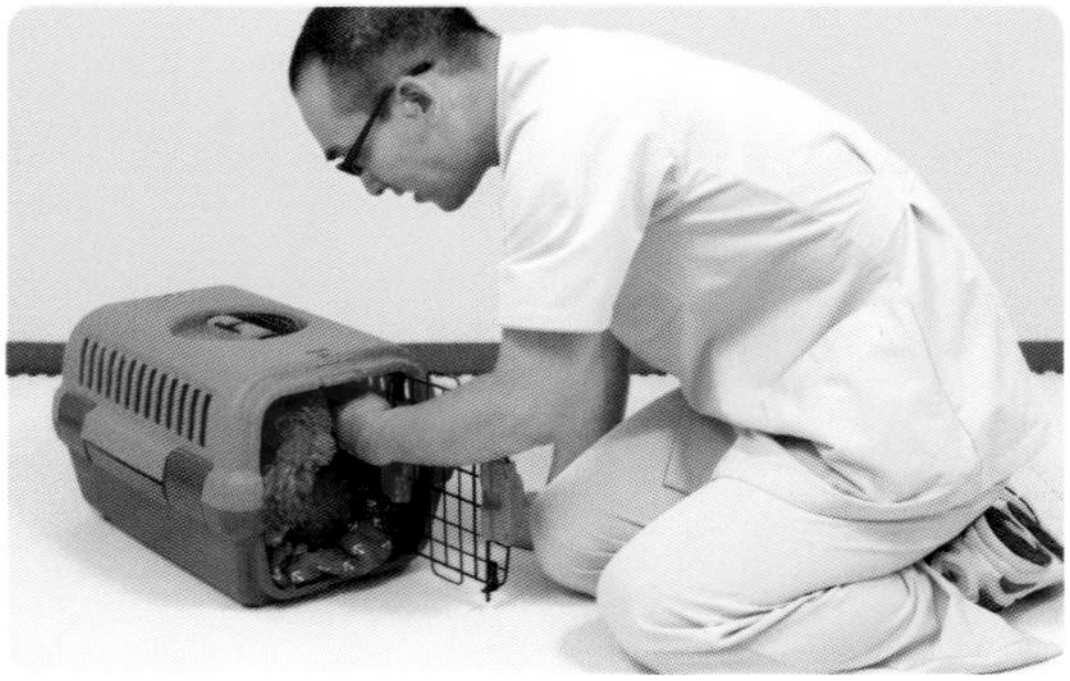

3

扉は開けたままにする

扉は開けたままにし、飼い主は声をかけないようにしましょう。

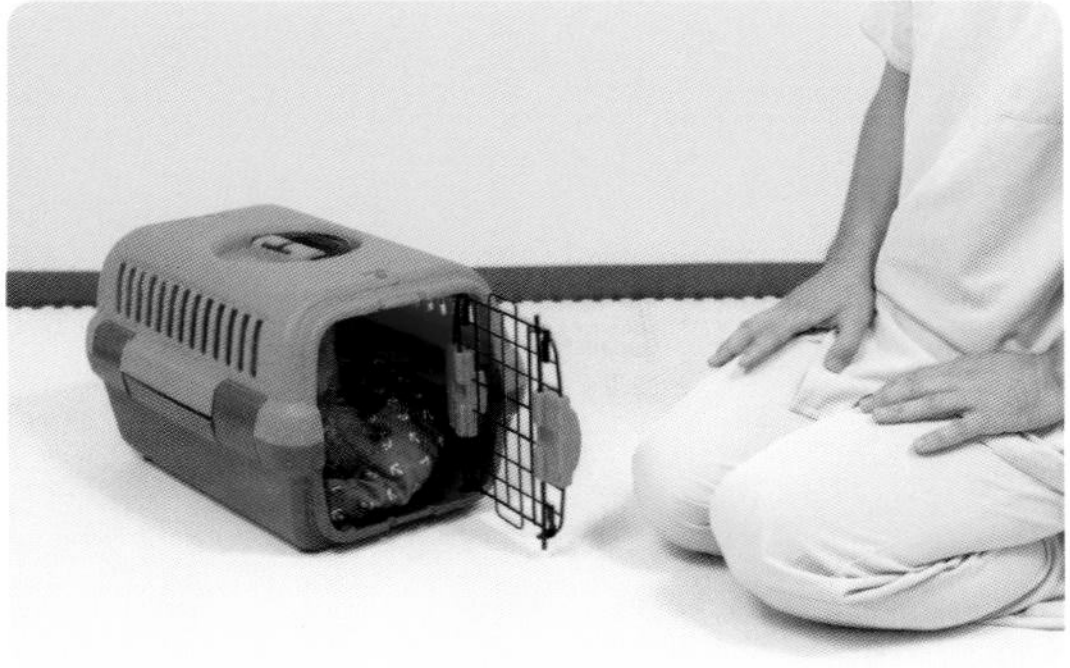

4

少しずつ
時間を長くする

居心地がよければ、フードを食べ終わってもしばらく中で過ごします。落ち着いて過ごしているようなら扉を閉め、少しずつ過ごす時間を長くしていきます。

COLUMN

ベッドへ誘導してあげよう

犬が自分からベッドに入らない場合、初めは誘導しましょう。

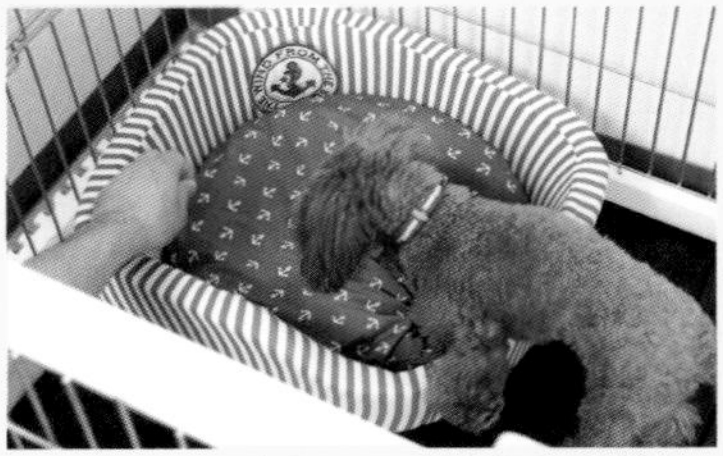

1 ベッドの中にフードを入れて誘導します。

2 自分のにおいをつけて、だんだん落ち着いて過ごせるようになっていきます。

基本のしつけ
「アイコンタクト（目を合わせる）」

目と目が合ったら ほめてあげよう

アイコンタクトは、犬が飼い主と視線を合わせること。こちらに注目してほしいときや集中させたいときに行う、基本のレッスン。

目線を誘導するときは、名前を呼びます。これができたら、名前を呼ばずにアイコンタクトだけを練習しましょう。

POINT

- フードで犬の目線を誘導する。
- 目が合ったらすぐにほめる。
- 犬の顔をのぞき込まない。

1

目線を誘導

フードのにおいをかがせたら、名前を呼び、目線を自分の目に合うように誘導します。フードを飼い主のあご下にもっていくと、目が合いやすいです。

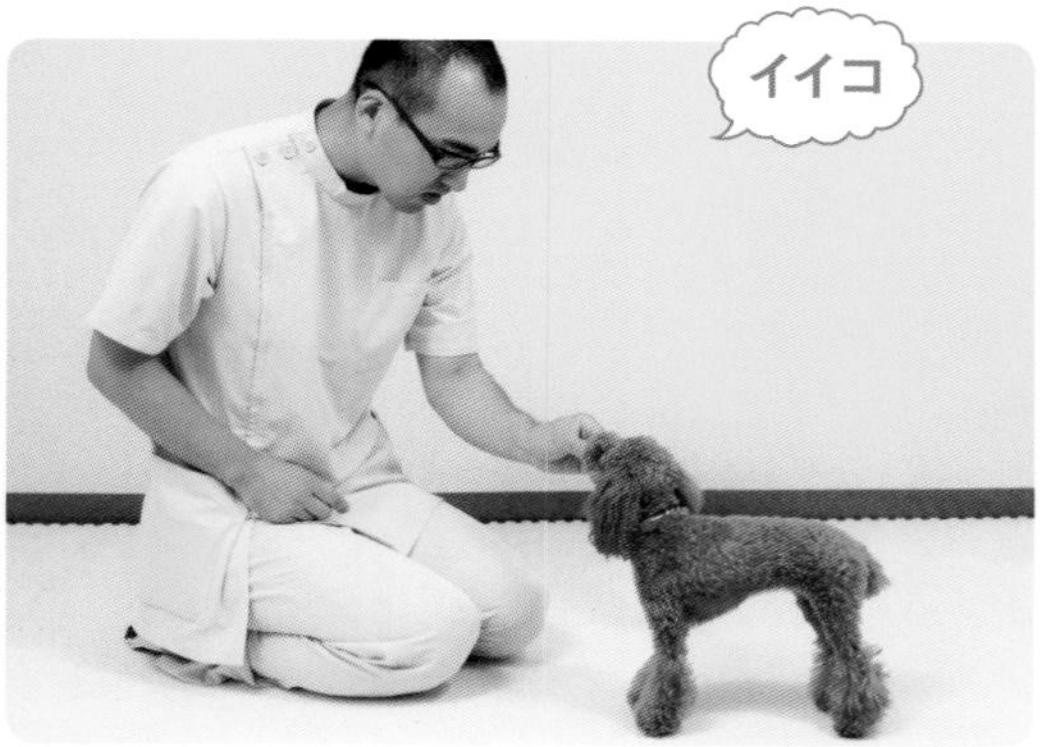

2

すぐにほめる

目が合ったら、フードをあげてほめます。ほめるタイミングが重要です。

基本のしつけ「オスワリ」

落ち着かせたり、待たせるときに

床におしりをつける動作です。ごはんをあげるときや何かの指示を出すときは、いったん「オスワリ」をさせて落ち着かせます。おとなしくしてほしいときや待たせるときにも、「オスワリ」をさせるとよいでしょう。

POINT

- フードを犬の頭上に上げ、犬が腰を落とすのを待つ。
- 無理におしりを押して座らせない。

1

フードを犬の頭上に上げる

犬にフードのにおいをかがせたら、目線が上を向くように、鼻先から上に手を上げ、「オスワリ」と言います。

2

すぐにほめる

犬のおしりが床についたら、フードをあげてほめます。

基本のしつけ「フセ」

遊び感覚で楽しく教えよう

「フセ」は、犬を待たせるときの動作です。ドッグカフェなどでも「フセ」をしてリラックスさせます。教えるときは、足の下や大きな本などの下をくぐらせると、おなかを床につけやすくなります。

POINT

- 「オスワリ」からの「フセ」が難しいときは、ひざや本の下をくぐらせてトレーニング。
- 無理に頭や背中を押さえたりしない。

ひざをくぐらせて「フセ」

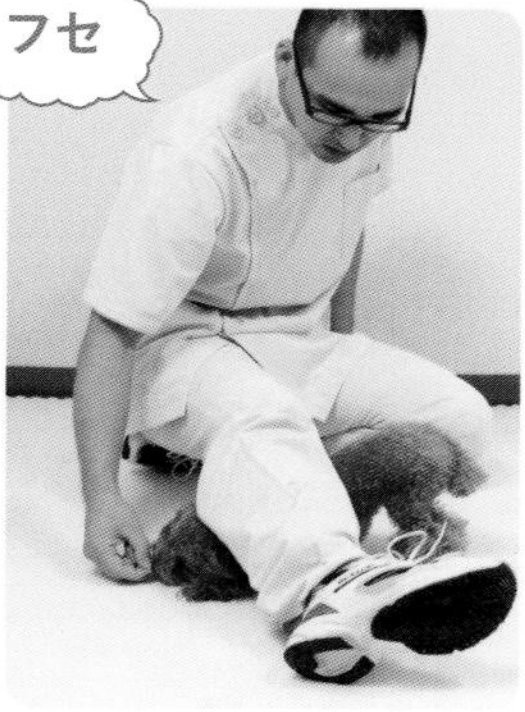

1

ひざのトンネルをくぐらせる

飼い主は床に座り、ひざを曲げます。「オスワリ」をさせてフードのにおいをかがせ、「フセ」と言って、ひざの向こうに手を持っていき、犬を誘導します。

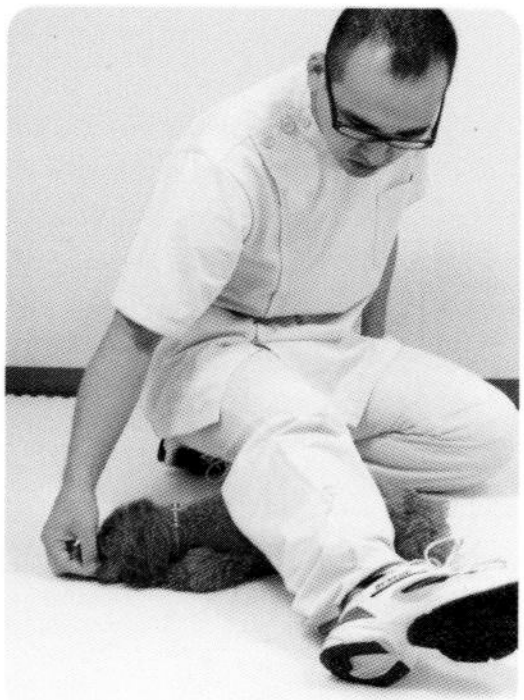

2

できたらほめる

ひざの下に入り込み、「フセ」の姿勢になったところで、フードをあげてほめます。徐々にひざのトンネルをなくしていきましょう。

「オスワリ」から「フセ」

1 **フードを鼻先から下におろす**

犬にフードのにおいをかがせたら、鼻先が上を向くように手を上げ、「オスワリ」させてから、フードを犬の前足の間にもっていき、「フセ」と言います。

2 **すぐにほめる**

おなかと両ひじを床につける姿勢をとったら、フードをあげてほめます。

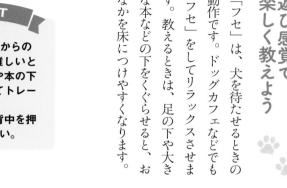

大きな本を使って「フセ」

1

片手で本を持つ

大きな本など（ここではマット）を片手で持ち、もう一方の手でフードを持ち、鼻先でにおいをかがせます。

2

本の下に誘導する

本の位置を低くし、「フセ」と言って、本の下に誘導します。犬は自然に頭を下げて本の下にもぐろうとします。

3

できたらほめる

おなかと両ひじを床につけて、「フセ」の姿勢ができたら、フードをあげてほめます。

基本のしつけ「オイデ」

危ない場所に行かせないために

離れたところから犬を呼び寄せるときに「オイデ」と声をかけます。危ない場所から呼び寄せるときやほかの犬とのトラブルを避けるとき、ドッグランなどでも使います。慣れてきたら、犬との距離をのばしていきましょう。

POINT

- **初めは短い距離で行う。**
- **できるようになったら、ロングリードなどを使い、距離をのばして。**
- **危険なことをやめさせるために呼び寄せたとき、犬を叱らない。**

1　犬との距離を離す

リードを持ち、フードのにおいをかがせ、犬との距離を１～２m離します。

2　飼い主のほうへ誘導

向かい合った状態で、フードを持った手を動かして誘導します。

3　声をかける

犬が歩き始めたら、「オイデ」と声をかけます。

4　すぐにほめる

そばに来たら、フードをあげてほめます。

言葉だけの「オイデ」

1

犬との距離を離す

リードを持ち、犬との距離を１～２ｍ離して、「オイデ」と声をかけます。

2

言葉だけで誘導

手で誘導するのではなく、言葉でそばまで来るようになれば成功。

3

すぐにほめる

そばに来たらほめてあげます。来たときに、フードを数粒、連続で与えるといいでしょう。慣れたら少しずつ距離をのばして、練習しましょう。

基本のしつけ「マテ」

外出時のマナーや安全を守るために

「マテ」は飼い主の許可が出るまで動かずに待つこと。外出したときに犬の安全を守るため、またマナーを守って過ごすために必要な動作です。待てる時間を延ばし、「マテ」のまま犬から離れる練習もしてみましょう。

POINT

- 練習の開始は「オスワリ」ができてから。
- 初めは1秒でも「マテ」ができたらほめる。
- 最後には必ず解除を行う。

1 言葉と手で合図をする

「オスワリ」をさせ、「マテ」と言って手をかざします。

2 制止できたらほめる

犬が姿勢をくずす前に「OK」と言って解除し、フードをあげてほめます。1秒でも指示された姿勢のままでいられたら成功です。

食事のときの「マテ」

1

食器を持つ

フードの入った食器を持って、「ごはん」と声をかけます。

2

言葉と手の合図で制止

「オスワリ」「マテ」と制止させます。身を乗り出してくる前に「ＯＫ」と言って、食器を置きます。長く待たせすぎないことが大事。

3

食器を置いて食べさせる

食べているときは見守ってあげます。

マットの上での「マテ」

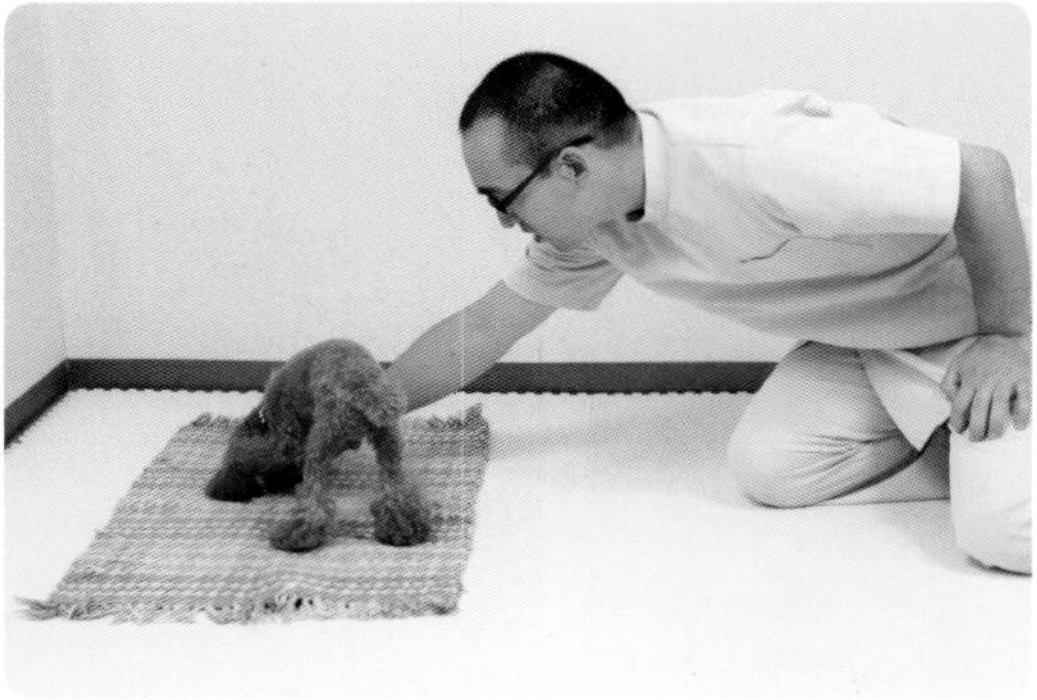

1

マットの上に誘導

犬がマットの上で待てるように練習します。まず、マットの上にフードを置き、犬を誘導します。犬がにおいをかぎに来たら、ほめてあげます。

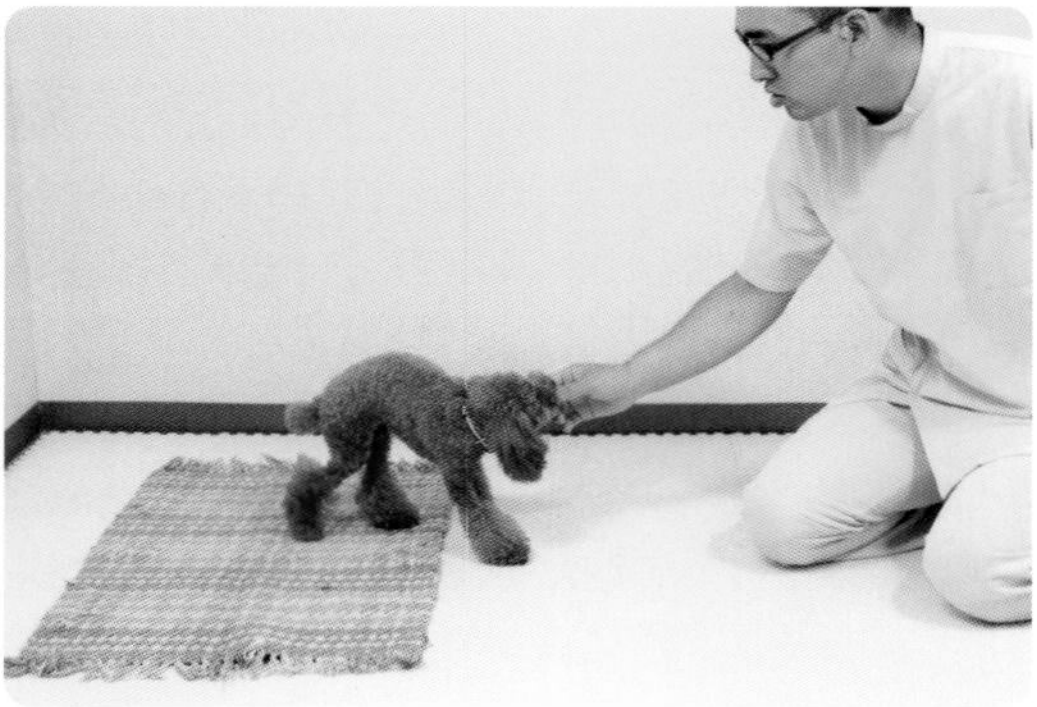

2

出ようとしたら再度誘導

犬がマットの外に出ようとしたら、もう一度マットの上に誘導します。

3

「フセ」の姿勢をとらせる

犬がマットの上に戻ったらフードを下に置き、「フセ」と言って姿勢をとらせます。

4

制止できたらほめる

「フセ」をしたら「マテ」と言って手をかざします。できたらフードをあげてほめます。最後は「ＯＫ」と言って、「マテ」を解除します。マットの上にいられる時間を少しずつ長くしていきましょう。

「マテ」の解除

「マテ」は最後に「ＯＫ」と言って解除して「もう動いていい」ということを伝えます。

1 言葉と手の合図で制止させる

「マテ」という言葉と手の合図で、犬が制止します。

2 解除する

「ＯＫ」と言って飼い主が歩きだすと、つられて犬も歩きだします。

COLUMN

犬を飼ったら登録を

市区町村長へ届け出

犬を飼うとき、飼い主の大切な義務のひとつに犬の登録があります。

犬の登録は、犬の飼い主すべてに義務づけられた生涯１回の登録です。最初の狂犬病予防接種を受けたら、その「注射済証明書」を持って、市区町村の役所や出張所、保健所に出向き、手続きをしましょう。市区町村のホームページで『犬の登録申請書』をダウンロードできるところもあります。

登録手数料は１頭につき 3,000 円（各自治体に確認してください）。登録がすむと鑑札と注射済票が交付されます。鑑札は犬の首輪につけておきましょう。万が一犬が迷子になった場合、鑑札には登録番号が記載されているので、飼い主の元に戻ることができます。

犬の登録をしたあと、次のような場合は各種届け出が必要です。

●犬が死亡したとき
●犬を譲ったとき

鑑札を返して登録を抹消してもらいます。

●飼い主の住所が変わったとき

新しい場所で届け出をし、鑑札を交換してもらいます。

犬の迷子札をつけよう

犬が迷子になってしまったときのために、マイクロチップの検討をしておきましょう。もし、入れなかった場合は、首輪に鑑札と連絡先を書いた迷子札をつけておくと安心です。

鑑札を入れる迷子札のほか、最近は犬の名前、飼い主名、電話番号などを記したネームタグ式の迷子札も人気です。

ステンレスキュータグ／Ⓟ

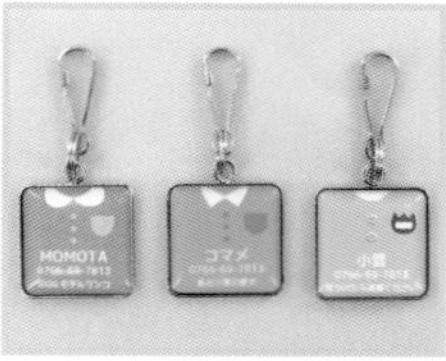

ネームタグ 迷子札角丸 洋服／Ⓘ

PART.3

散歩・お出かけレッスン

散歩の準備をしよう

ストレスを発散して散歩でリフレッシュ

子犬の時期のワクチン接種が終わったら、いよいよ散歩デビューです。

散歩の目的は、健康のために体を動かし、ストレスを発散させること。また、ほかの人や犬に会ったり、車や自転車を見たり、外でいろいろな刺激を受けることで、社会性を身につけることもできます。もともとトイ・プードルは活動的な犬種なので、飼い主との散歩が大好きになるはず。悪天候の日や、都合がつかないときは別にして、できれば毎日連れていってあげましょう。

散歩デビューまでのプロセス

抱っこ散歩をする

子犬が家に来てから、2～3日後には抱っこ散歩をスタート（p.63参照）。外の雰囲気に慣れさせます。まだほかの犬には会わせないように。

首輪・胴輪の練習

首輪や胴輪、リードに慣れる練習をします。家の中で胴輪やリードをつけて犬といっしょに歩く練習をしましょう。

最終のワクチン接種から1週間後

散歩デビュー

散歩のマナーを守ろう

散歩の前に、できるだけ家で排泄をさせるようにしましょう。散歩中に家の門や塀、電柱などで犬がにおいをかぎだしたら、犬にかまわず歩き続けて排泄をさせないようにします。犬が散歩中に排泄してしまったら、うんちはポリ袋などに入れて持ち帰って自宅のトイレに流すか、自治体の規定にしたがってごみで出します。おしっこの場合は、水をかけて流し、においを消しましょう。散歩のときは、排泄物の後始末をするためのグッズも準備しておきます。

散歩用バッグに入れておくもの

散歩用バッグに入れ、いつも持ち歩けるように用意しておきましょう。

- ペットボトル（おしっこを流すための水を入れる）
- トイレットペーパーとポリ袋（もしくは市販の犬用のうんち袋など）
- 飲み水
- フード（ごほうび用）
- おもちゃ

マナーを守る準備とトレーニング

マットやキャリーバッグに慣らそう

毎日の散歩だけでなく、動物病院、カフェ、旅行など、出かける機会はさまざまです。マットでおとなしくしていたり、キャリーバッグに入ったりする練習をしておきましょう。

練習するよ

マットはリラックススペース

マットで落ち着いて過ごせるよう、「オスワリ」「フセ」の練習をしておきましょう(p.73～75参照)。

ドッグカフェに行くときは、犬がくつろげるマット、抜け毛防止用の洋服を持参するとGOOD。

キャリーバッグに入れる

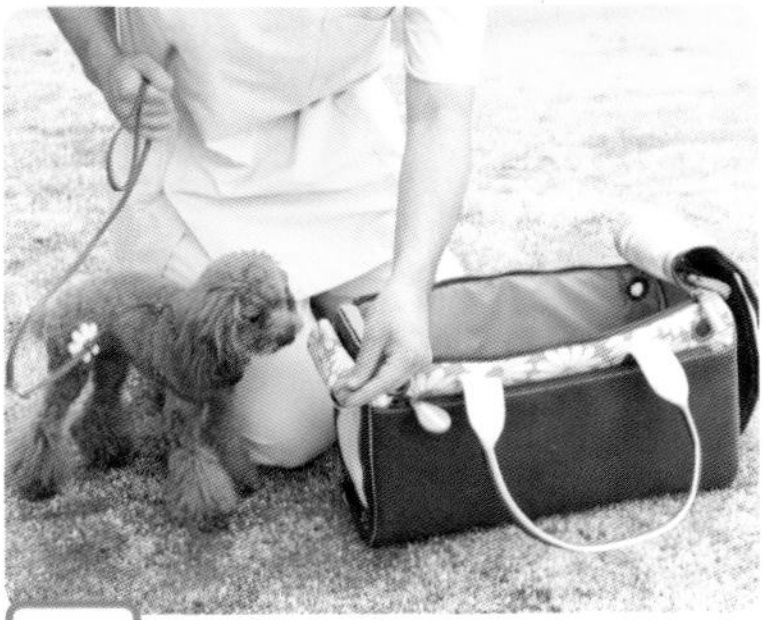

1 キャリーバッグを開き、鼻先でフードのにおいをかがせます。

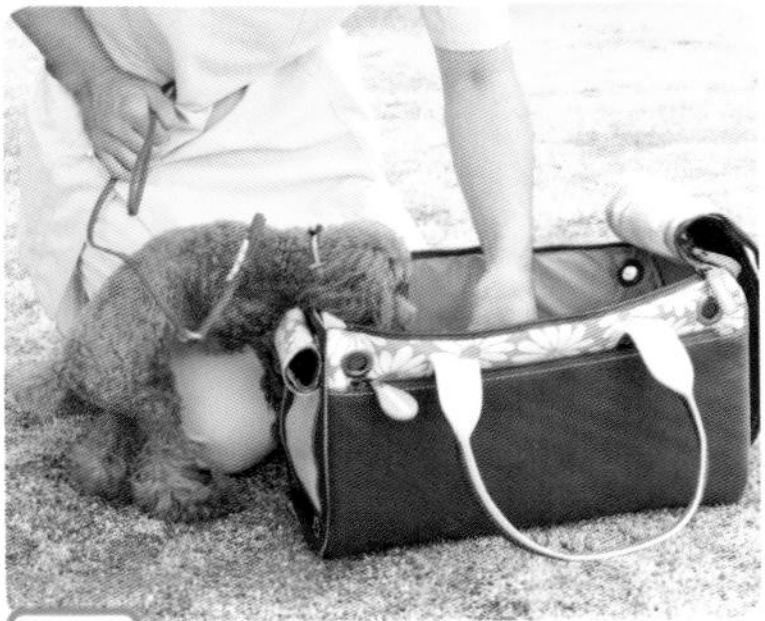

2 フードをキャリーバッグの中に入れます。

3 キャリーバッグの中へ入るように誘導します。

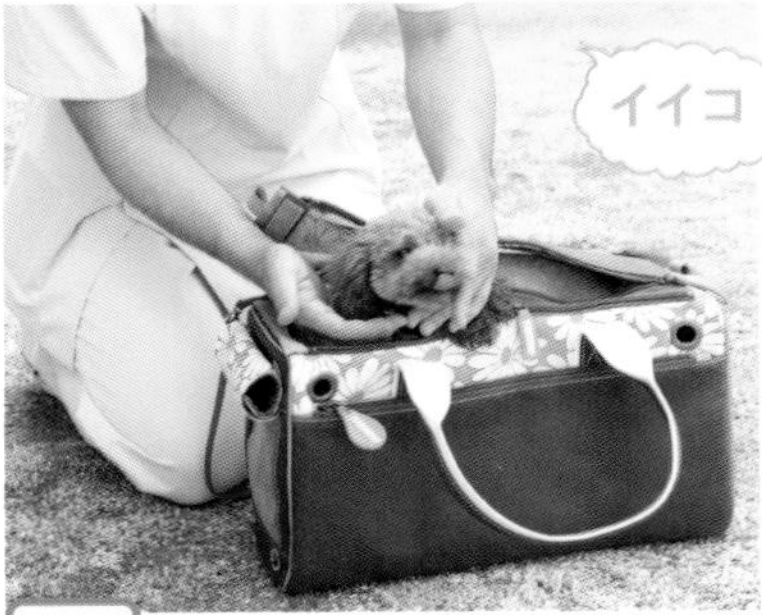

4 キャリーバッグの中に入ったら、フードをあげてほめます。

5 キャリーバッグは手で持っても肩にかけてもOK。中におもちゃなどを入れておきましょう。

事故を防ぐために、ファスナーを閉めておきますが、広い道を歩く場合、顔が見えるくらいなら開けてもいいでしょう。

外で楽しく過ごせるように

初めは犬のペースに合わせましょう

初めての散歩のとき、怖がるようなら無理に歩かせるのはやめましょう。数日は地面に足をつける程度で終了し、落ち着いてきたら短い距離から歩いてみます。歩いている途中で犬が動かなくなってしまったときは、楽しく名前を呼びましょう。再び歩きだしたらほめてあげましょう。犬のペースに合わせ、「散歩は楽しいこと」と犬に気づかせることが大切です。

散歩中は、歩きながら犬の名前を呼んだり、声をかけたり、楽しくコミュニケーションをとりましょう。

引っ張る・拾い食いをやめさせるには

犬にとって、外の世界は興味のあるものばかり。散歩中にリードを引っ張ることがあるかもしれません。このとき飼い主がリードを引くと、犬は引っ張り返す習性があるので逆効果です。飼い主に意識を向かせるためにフードを見せ、振り向いて引っ張るのをやめたら、フードをあげましょう。何度も繰り返すうちに、やがて引っ張るのをやめるようになります。

また、犬が拾い食いをしそうな場所に行きそうになったら、「オスワリ」や「マテ」などの指示を出し、歩く方向を変えます。もしくは少しリードを引いて、急いでその場を通りすぎましょう。犬がにおいをかぎだし、歩こうとしなくなったら、おやつを見せて歩かせるか、抱っこをして立ち去りましょう。

散歩のポイント

時間
適度に疲れて、満足するくらいが目安。初日は5分くらいからスタートしましょう。

歩き方
犬は、飼い主が少し早めに歩くくらいの速度だと歩きやすいもの。リードは少し緩んでいるくらいの状態で歩きましょう。

コース
長い階段がある場所はひざなどに負担になるので避けて。犬が楽しめて歩きやすいコースを選びましょう。

時間帯
夏は朝夕の涼しい時間帯を選び、冬はなるべく日中の暖かいうちに。夏の猛暑でアスファルトが熱いときは特に気をつけて。怖がりな犬は、人の少ない夜の公園などから始めてもいいでしょう。

散歩の時間をうまく調整する方法は?

飼い主のスケジュールに合わせられるよう、近所を短時間で往復、公園で15分、休日の少し長時間など時間別に散歩コースを用意しておくといいでしょう。コースを変えるようにすると、メリハリがつきます。

歩き方トレーニング「ツイテ」

犬を人の左横につけて歩かせましょう

犬を連れて歩くとき、安全で軽快に歩くための練習をしましょう。犬が飼い主に注目し、飼い主の左側について歩けるようになると、狭い道や交通量の多い道でも安心。少しずつ歩く距離をのばしましょう。

POINT

- アイコンタクトをとってから始める。
- 2、3歩から練習し、少しずつ距離をのばしていく。
- 慣れてきたら方向を変える練習もする。

1 犬を自分の左側に座らせ、リードは短めに持ちます。

2 犬が横についた状態で名前を呼んで、アイコンタクトをとります。

3

フードを持った手を鼻先につけ「ツイテ」と声をかけて歩き、犬を誘導します。

4

飼い主が2、3歩歩き、犬が横について歩いたら成功です。

5

フードをあげてほめます。少しずつ距離をのばしていきましょう。

社会化トレーニング

ほかの犬と上手にかかわろう

犬同士が落ち着いてすれ違うために

散歩中に、ほかの犬と出会うことも多いでしょう。そのときは興奮してとびかかったり、ほえたりせず、落ち着いてすれ違えるようにしたいものです。

まず、犬が注目し合わないよう、飼い主同士が内側になります。リードを短めに持ち、犬の壁になるように歩きましょう。ツイテができる場合は、「ツイテ」と声をかけます。

興奮しやすいタイプの犬であれば、すれ違うときにフードや好きなおもちゃを与えて、相手の犬に気を向かせないようにします。フードやおもちゃを与えても見向きもしないようなら、抱っこしてその場を通りすぎましょう。

犬同士があいさつするときは

犬同士があいさつをするときは、まず、飼い主同士があいさつを交わし、相手の犬にあいさつをしてもいいかを聞き、お互いの犬の様子を見ながら近づけます。犬同士は、お互いのおしりのにおいをかぎ合って相手を認識します。こわがりの犬もいるので、無理にあいさつさせるのはやめましょう。

ほかの犬にほえかからない練習をしよう

ほかの犬と会ったときに犬がほえてしまう場合は、相手の犬が遠くに見えた時点でほえないためのトレーニングを始めましょう。遠くにいる犬を見せて、ほえなかったらフードをあげます。これを繰り返して、だんだん距離を縮めていきます。何度もトレーニングを重ねれば、ほかの犬と会うといいことがあると思うようになり、相手の犬との出会いがいい印象に変わり、ほえなくなります。

散歩中にほかの犬にほえたとき、相手の犬がそのまま通りすぎていったり、Uターンして目の前から消えると、犬は自分が追い払ったのだと思い込み、どんどんほえるようになります。それを避けるためにも、ほえないトレーニングをさせることが大切です。

ハトやカラスにほえかかるときは

散歩中にハトやカラスを見て、ほえることがあります。これは犬の狩猟本能が刺激されて、すばやく動く小動物を見ると興奮するからです。この場合もフードを見せて気をそらしましょう。遠くで「オスワリ」「マテ」をして落ち着かせます。少しずつ距離を近くしてハトやカラスが近くにいても落ち着けるようにしましょう。

ドッグカフェ、ドッグランへ行くとき

犬といっしょにリラックスタイム

ドッグカフェは、犬を連れて入ることができるカフェ。いすの下に犬を座らせて、お茶や食事を楽しむことができます。友人とのランチや、散歩の途中で休憩したいときに。犬用のメニューのあるお店もあります。

ドッグカフェに持っていくもの

●シートマット、洋服
犬がマットの上で休憩します。抜け毛などで店内を汚さないためにも必要。

●飲み水、皿
散歩のあとなど水を飲ませるために。

●トイレットペーパー、ビニール袋
店内で排泄をしてしまったときのために。排泄をしてしまったときはお店の人に話して、いっしょに片づけましょう。

●ドッグフード
落ち着いて過ごせるように持っていきましょう。

トイレ&ケージの下に敷くマット（汚れ防止カバー）／Ⓟ

ひんやりジェルマット／Ⓘ

カフェのマナーを守ろう

飼い主が気をつけること

- **家で排泄をすませておく**
- **足元で落ち着かせる**
- **リードを離さない**
- **発情中のメスは連れていかない**
- **マーキングしやすいオスはマナーベルト（p.160 参照）を着用**

（お店によってルールはさまざまなので、あらかじめ確認しておくとよいでしょう）

犬の基本のしつけ

- **トイレトレーニング**
- **むやみにほえさせたり興奮させたりしない**
- **人間やほかの犬の食べ物をほしがらせない**

ドッグランで走らせてあげよう

ドッグランはリードをつけずに犬が遊べる場所。活発なトイ・プードルにとっては思いきり走れるので、楽しく過ごせるでしょう。飼い主は犬から目を離さず、ほかの犬を過剰に追いまわしたときは「オイデ」で呼び戻しましょう。

ドッグランでのマナー

排泄したらきちんと処理をする

- **排泄は入場前にすませます。もし場内でしてしまった場合は、すみやかに処理をしましょう。**

「オイデ」を練習しておく

- **ほかの犬とのトラブルがないよう、「オイデ」で呼び戻せるように練習しておきましょう。**

場内のルールを守ろう

- **おやつやボール遊びは禁止のところもあります。利用する前にルールを確認しておきましょう。**

発情中のメスは連れていかない

- **発情中のメスを連れていくとにおいが残り、オスにストレスを与えてしまいます。**

COLUMN

電車や車でのお出かけのときに注意すること

電車に乗せるとき

トイ・プードルを電車に乗せるときは、キャリーバッグに入れます。犬が顔を出せないようにしっかりファスナーを閉めましょう。ＪＲ東日本では、犬は「手回り品」の扱いになり、距離に関係なく１回の乗車ごとに290円が必要です（2021年4月現在）。

車に乗せるとき

車に乗せるときは、サイズの合う安定性のあるクレートに入れましょう。車内で犬をフリーにさせると、ドライバーが運転に集中できなくなるうえに、急停止したときにけがをする心配も。クレートは安全のため、シートベルトでシートに固定するとよいでしょう。

犬を車に乗せるときのポイント

- 初めは短時間のドライブにして少しずつ慣れさせる
- １～２時間ごとに休憩を入れ、クレートから出して外の空気を吸わせたり、少し歩かせたりする
- 車酔いを防ぐため、出かける２～３時間前から食べ物を与えない
- 車に乗ると吐いてしまう犬には、酔い止めの薬を動物病院で処方してもらうこともできる
- 車内には犬を置き去りにしない

PART.4

日常のお手入れ

お手入れは健康管理！

ブラッシングや歯のケアを欠かさずに

細くやわらかな毛が特徴のトイ・プードルは、毛玉ができやすいので、毎日のブラッシングが欠かせません。ブラッシングは被毛を清潔に保つだけでなく、血行を促進する効果もあります。ブラッシングだけでは落とせない巻き毛の根元の汚れは、月に1回程度のシャンプーで落とします。ムダ毛やつめ、耳、歯などのお手入れもトイ・プードルにとって大切なケア。健康状態を知る目安にもなります。犬とのコミュニケーションを楽しみながら、習慣にしていきましょう。

お手入れのスケジュール

ブラッシング	毎日行いましょう。
シャンプー、カット	トリミングサロンで月に１～２回くらいが目安。
足、おしりなど	散歩のあとなど、必要に応じて汚れた部分を洗います。
耳のケア	２週間に１度はケアをしてあげましょう。
歯のケア	毎日行いましょう。歯ブラシまたはガーゼで。
つめ切り、ムダ毛のケア	３週間から１カ月に１回が目安。トリミングサロンでお願いしても。

ブラッシングで
全身がふんわり！

日常のお手入れに必要なグッズ

スリッカーブラシ

ムダ毛や毛玉を取り除いたり、ブラッシング全般に使用します。

NHS 長毛用角型スリッカーブラシS
NHS-60／Ⓓ

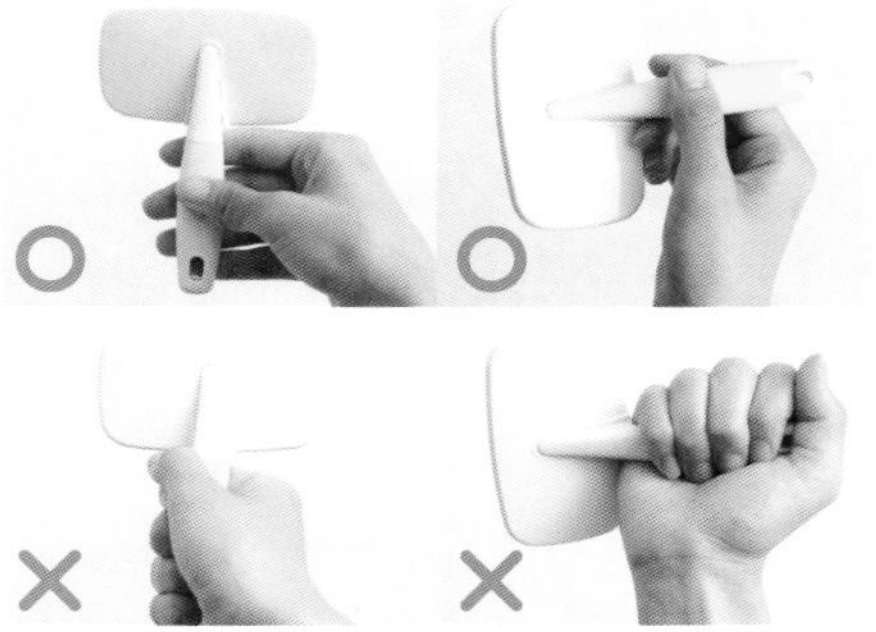

持ち方

４本の指の上に柄をのせて親指で軽く持つか、鉛筆を持つような感じで持ちます。力が入りすぎるので、柄をギュッと握らないように。

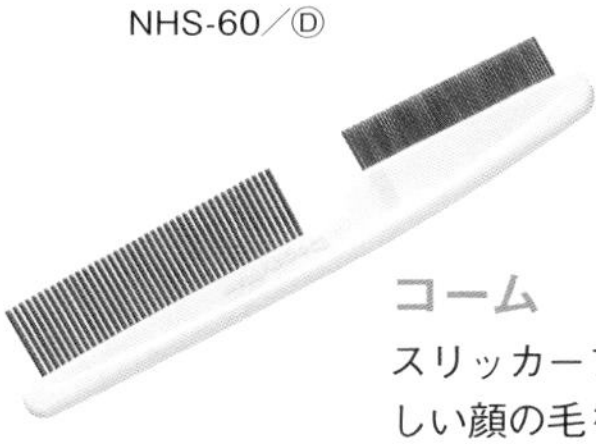

コーム

スリッカーブラシでは難しい顔の毛をとかすときや、仕上げに使います。写真のコームの目の細かいほうはノミ取り用。

NHSフリー&コーム
NHS-68／Ⓓ

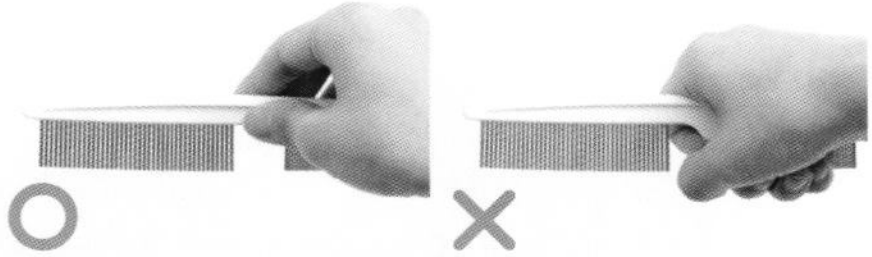

持ち方

軽くつまむように持ちます。手のひら全体で握ると、力が入りすぎるのでやめましょう。

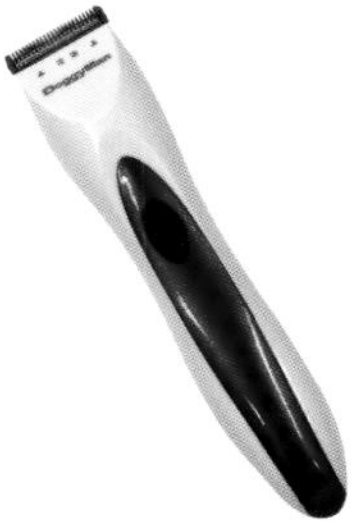

バリカン

足裏の毛や肛門まわりの毛を切るときに。はさみよりも簡単で安全に使うことができます。

ホームバーバー 部分
カットバリカン／Ⓓ

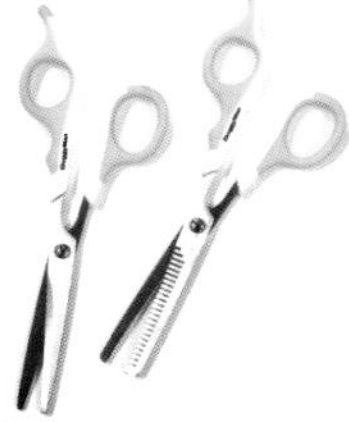

はさみ

ムダ毛を切ったり、ちょっとしたお手入れをしたりするときに使います。自然なカットができる、すきばさみもあると便利。

NHS カットバサミ NHS-75(左)、
NHS スキバサミ NHS-76(右)
／Ⓓ

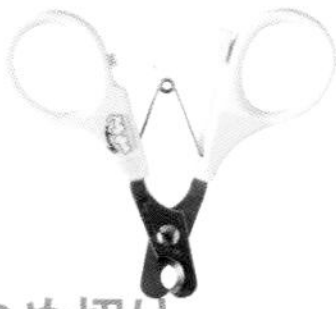

つめ切り

つめが伸びていると歩きにくく、自分で引っかいて傷をつける心配も。刃先がカーブした犬用のつめ切りが使いやすいでしょう。

NHS 犬用カーブ爪切りミニ
NHS-72／Ⓓ

歯ブラシ

柄の長い犬用の歯ブラシもしくは人の幼児用の歯ブラシを使いましょう。慣れないうちはガーゼを指に巻いて磨きます。

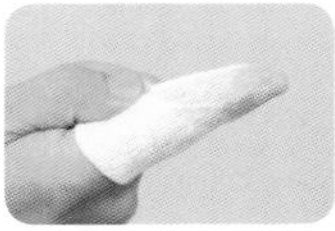

シグワン コンパクト歯
ブラシ スモール／Ⓥ

ブラッシングで被毛をきれいに

毎日のお手入れできれいに

ブラッシングはトイ・プードルの健康のためにも大切なことです。毛玉をそのままにしておくと、さらに毛がからまり、通気性が悪くなって皮膚が炎症を起こしてしまう心配もあります。地肌の状態もチェックしながら、毎日ブラッシングをしてあげましょう。

毛玉ができやすいところ

- **耳の下**
- **脇の下**
- **おしり**
- **内股**
- **足の内側**
- **風が通りにくい場所**

毛玉ができやすいところは、念入りにブラッシングしましょう。

スリッカーブラシの動かし方

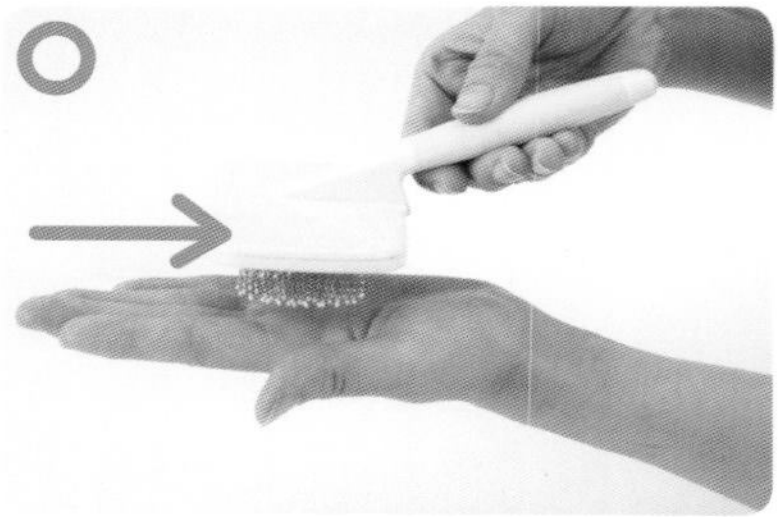

ブラシを皮膚（写真では手のひら）に平行に当て、腕全体を動かします。

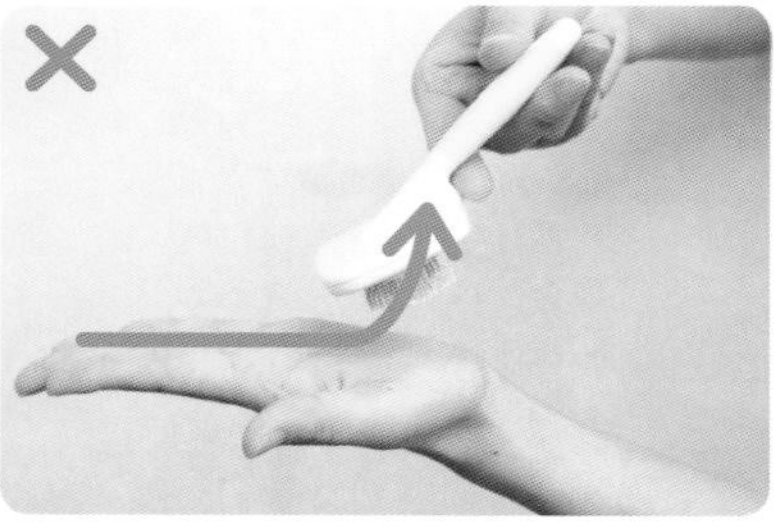

ブラシを皮膚に当てて手首を返すと、皮膚に負担がかかるのでＮＧ。

コームの動かし方

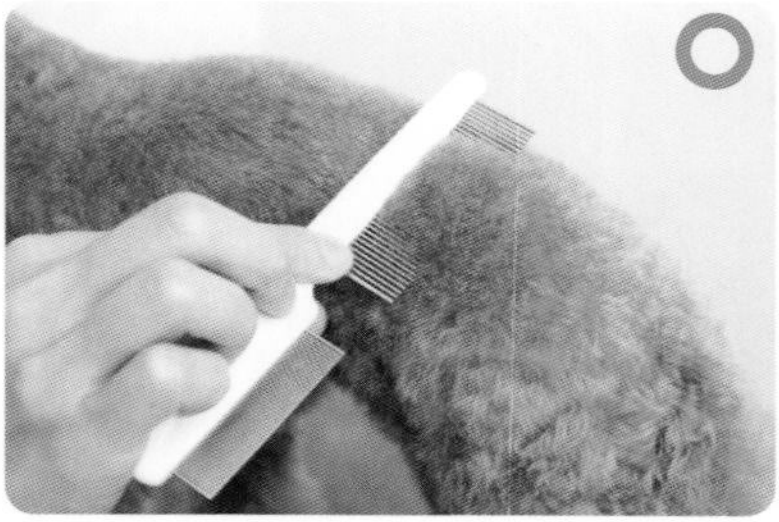

コームを軽く握って、体に平行に動かしましょう。

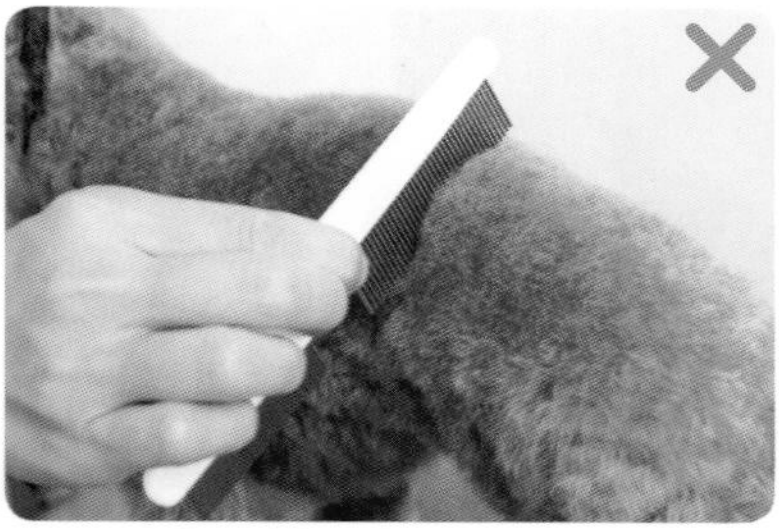

コームを体に垂直に入れると、犬の皮膚に負担がかかるのでＮＧ。

足

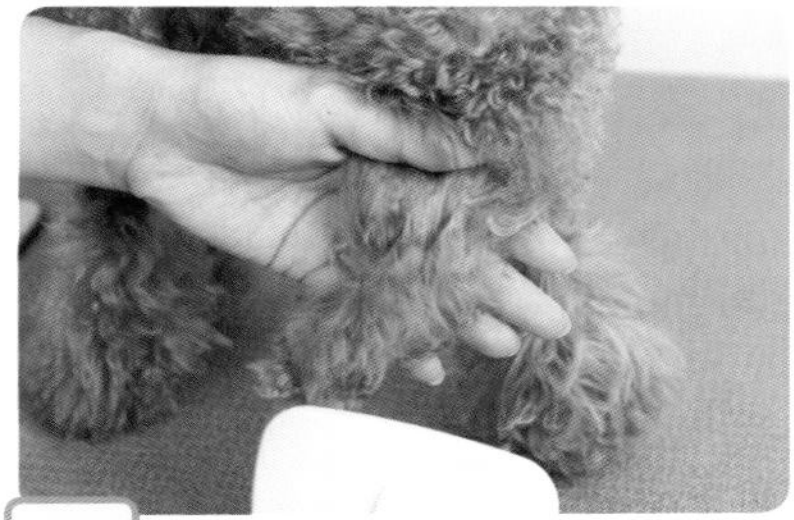

1 片方の手で後ろ足を押さえ、毛をかき上げて、足先からブラッシングします。

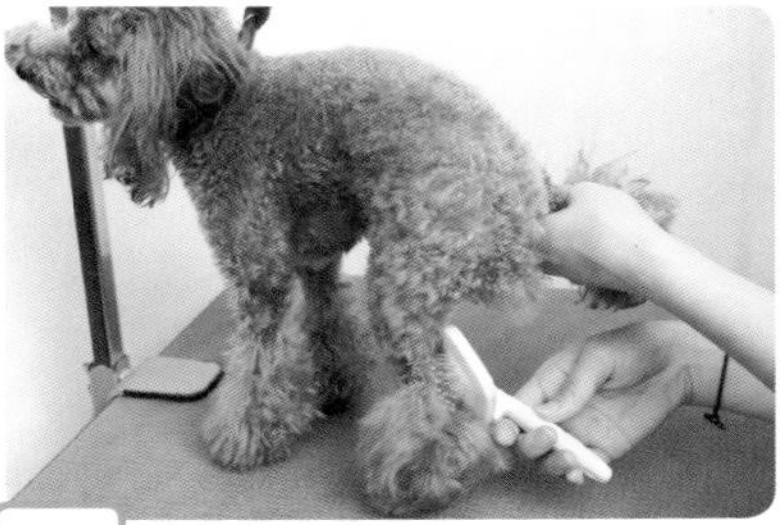

2 足の内側は、片方の手で片側の足を持ち上げながらとかします。毛玉ができやすく、デリケートな部分なので、やさしくていねいに。

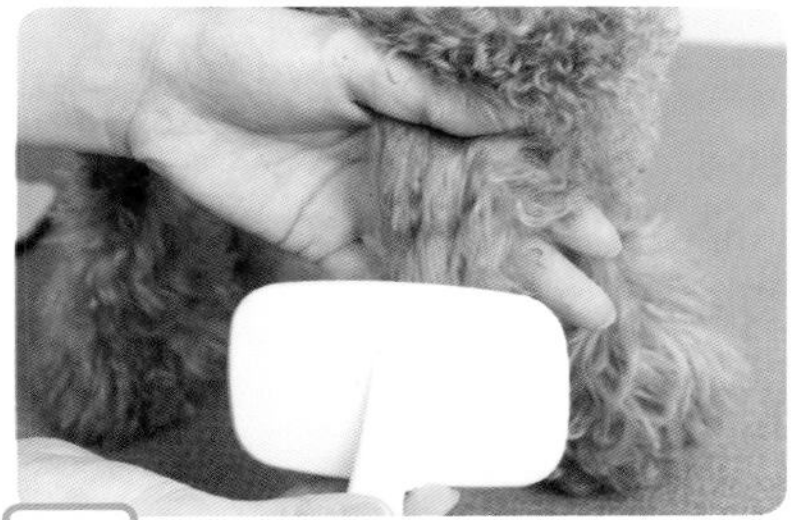

3 足先から上へ、徐々にとかします。「毛の根元から」ブラッシングすることがポイント。

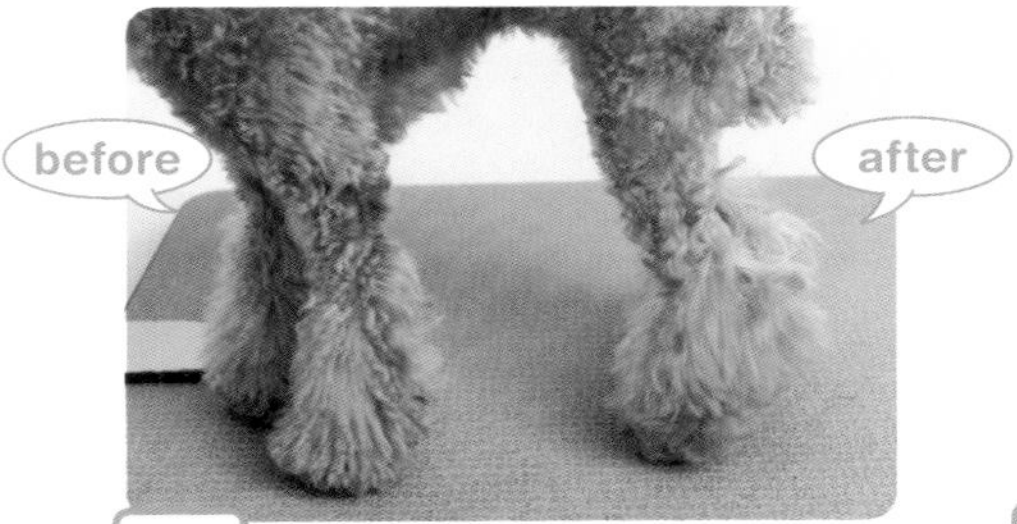
before
after

4 片方の後ろ足が終わりました。前足と比べると、ふんわりしています。

前足は
このくらい
持ち上げてね

5 犬の足の関節は前に動かせる範囲よりも横に動かせる範囲のほうが狭いので注意して。前足は無理に持ち上げず、軽く手にのせ、ブラッシングします。

しっぽ

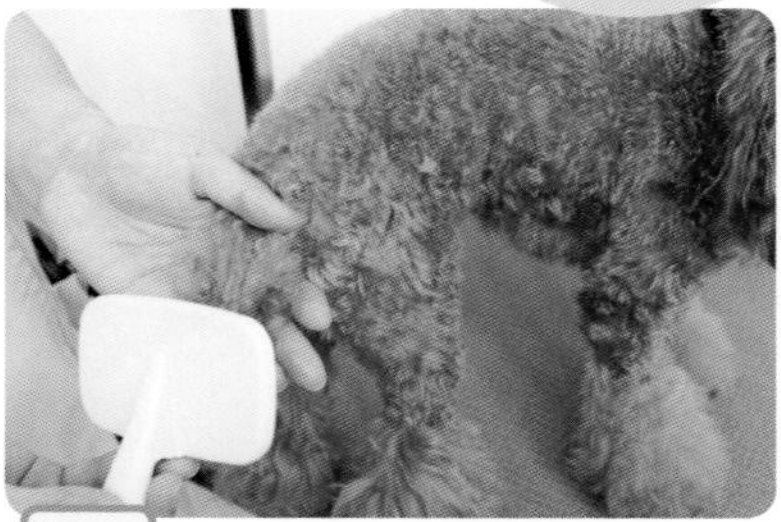

6 しっぽの裏側を手で支え、毛をかき分け、先からつけ根のほうへブラッシングします。

胸

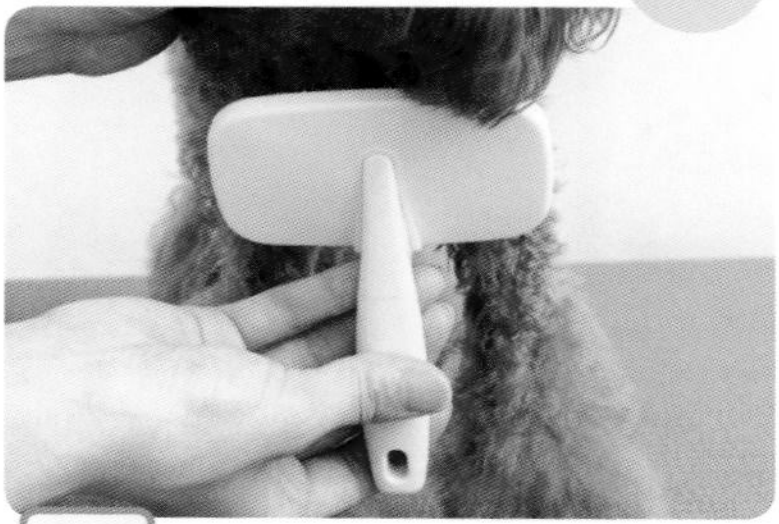

7 体を軽く押さえ、あごをちょっと上向かせてブラッシングします。

背中

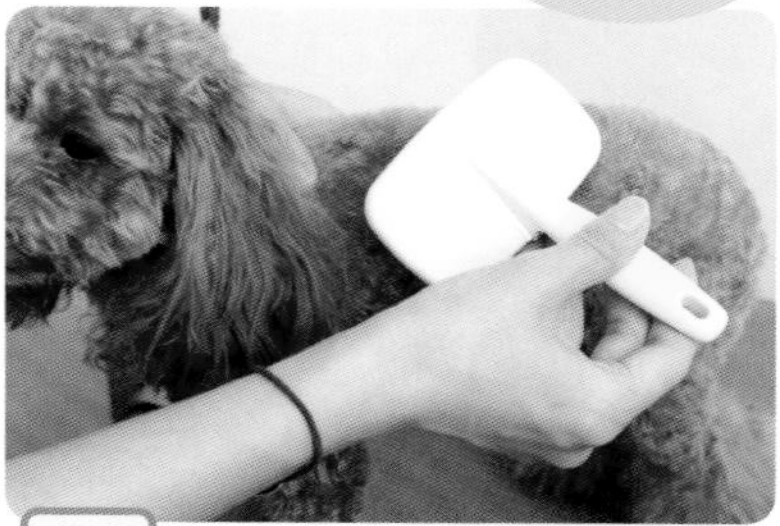

8 一気にザーッとではなく、ブラシを小刻みに動かして、毛の根元からスッ、スッと軽くブラッシング。

耳

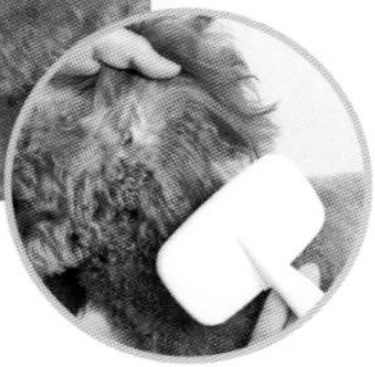

9 耳の内側を手で支えて根元からブラッシング。耳で隠れている部分も忘れずに。

おなか

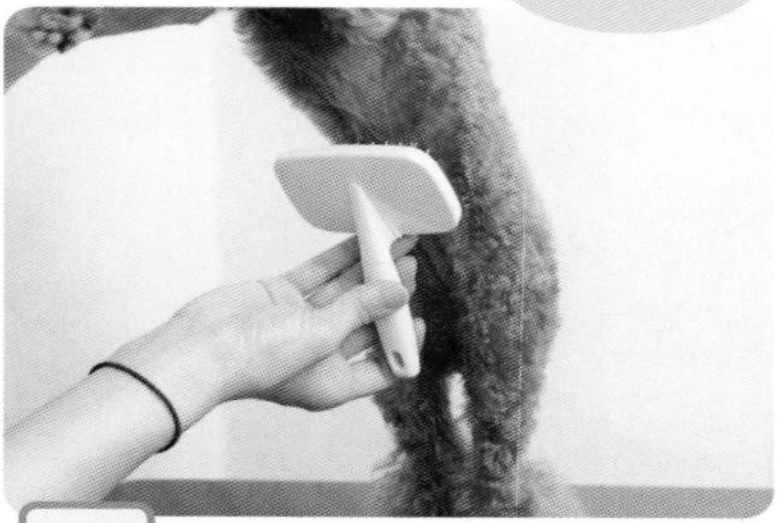

10 おなかは前足を持ち上げて支え、少しずつ、やさしくブラッシングします。

脇

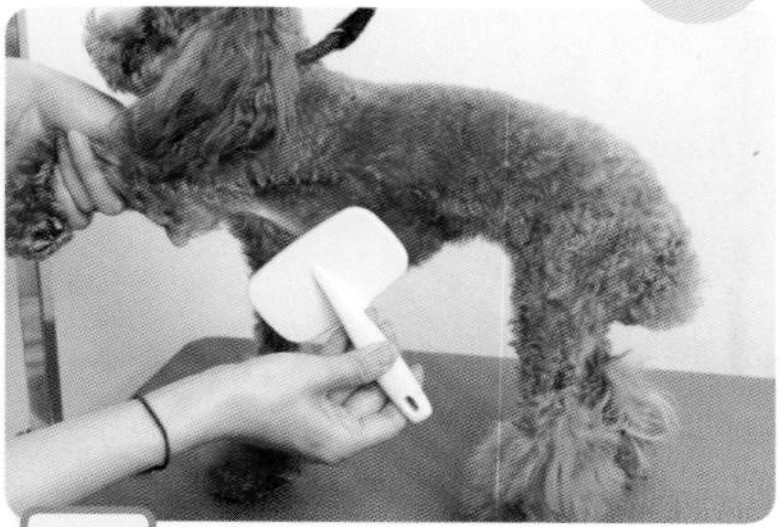

11 脇の下も毛玉ができやすいところ。前足を持ち上げて支え、念入りに行います。

顔

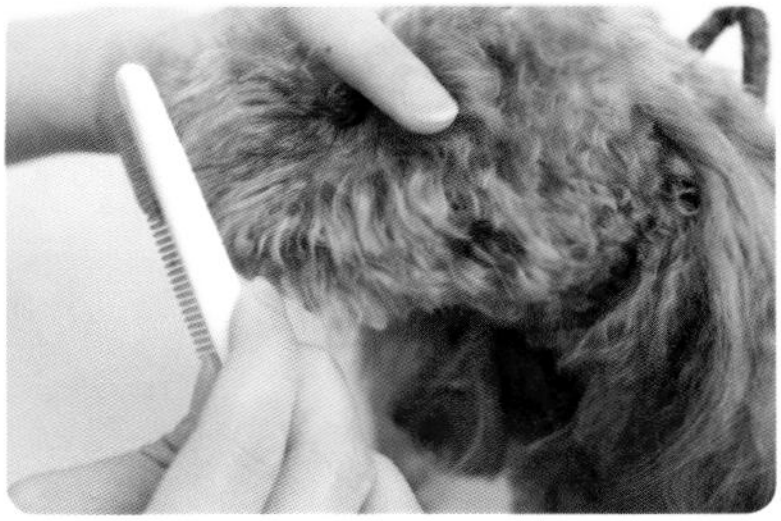

12

顔はコームを使います。目の下は目やにで汚れやすいところ。毛が目やになどでかたまっていたら、水をつけたコットンでやさしく拭き取ります。コームの先が目に入らないよう、指で目を保護しながらコーミングしましょう。

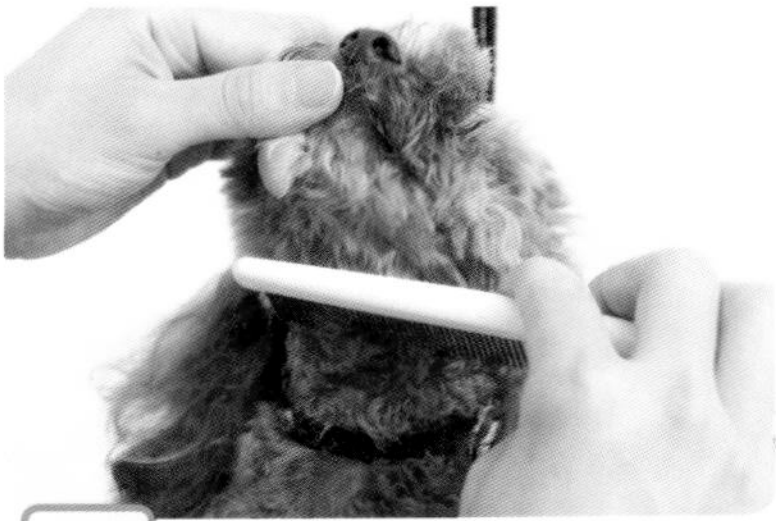

13

マズルをやさしく押さえて持ち上げ、あごをとかします。

14

頬から耳にかけては毛玉ができやすいので、念入りに。あごを押さえながらとかしましょう。

Advice

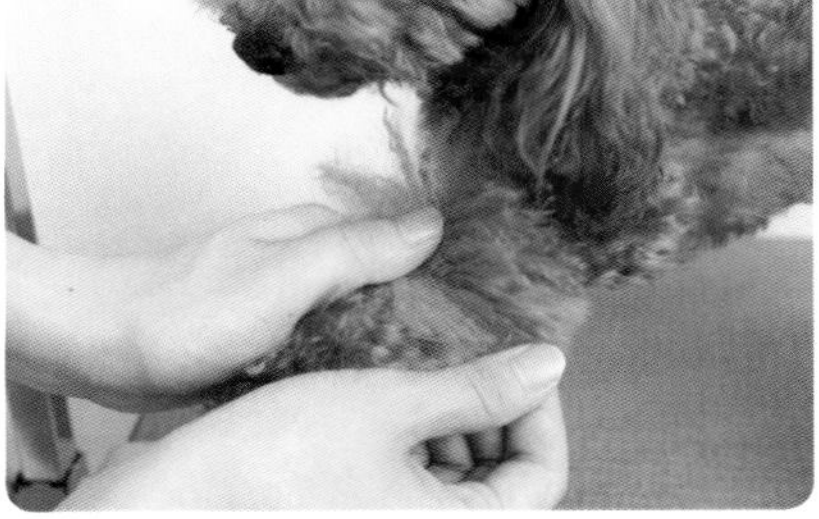

毛玉は指でほぐして

毛玉になっているときはスリッカーブラシを使わず、指でやさしく根元までほぐしましょう。無理にスリッカーブラシでとかそうとすると、痛がってブラッシングを嫌いになってしまいます。

気になる部分は家で洗おう

汚れは早めに落として いつも清潔に

散歩のあとに足が汚れていたら、室内に入る前に水けを絞ったタオルなどで拭きます。汚れが落ちないときは足だけを洗いましょう。汚れやすい口のまわりや、うんちのあとで肛門のまわりが汚れてしまったときも、部分洗いで清潔を保ちましょう。

散歩のあとのお手入れ

- 顔、足裏、足をかたく絞った濡れタオルで拭く（毛が長い場合はおなかも）。汚れが落ちないときは洗う。
- うんちをした場合、肛門まわりが汚れていたらティッシュで拭く。汚れが落ちないときは洗う。
- 最後に足やおなかをブラッシングして、ほこりなどを払う。

足

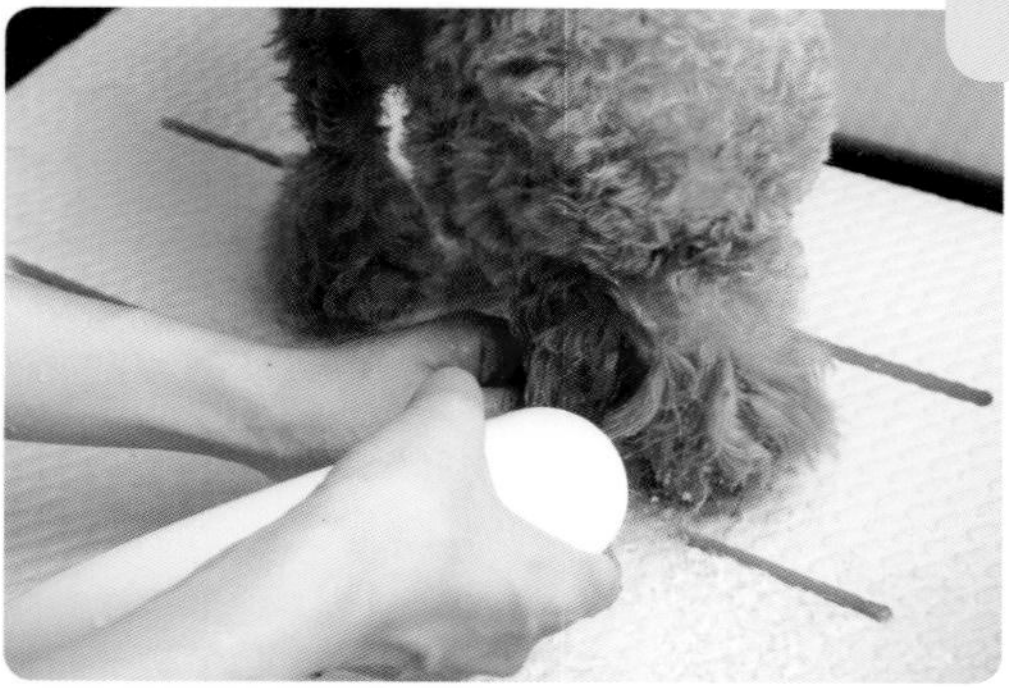

1

足先だけを濡らします。シャワーヘッドをなるべく足先に近づけて、お湯をかけましょう。

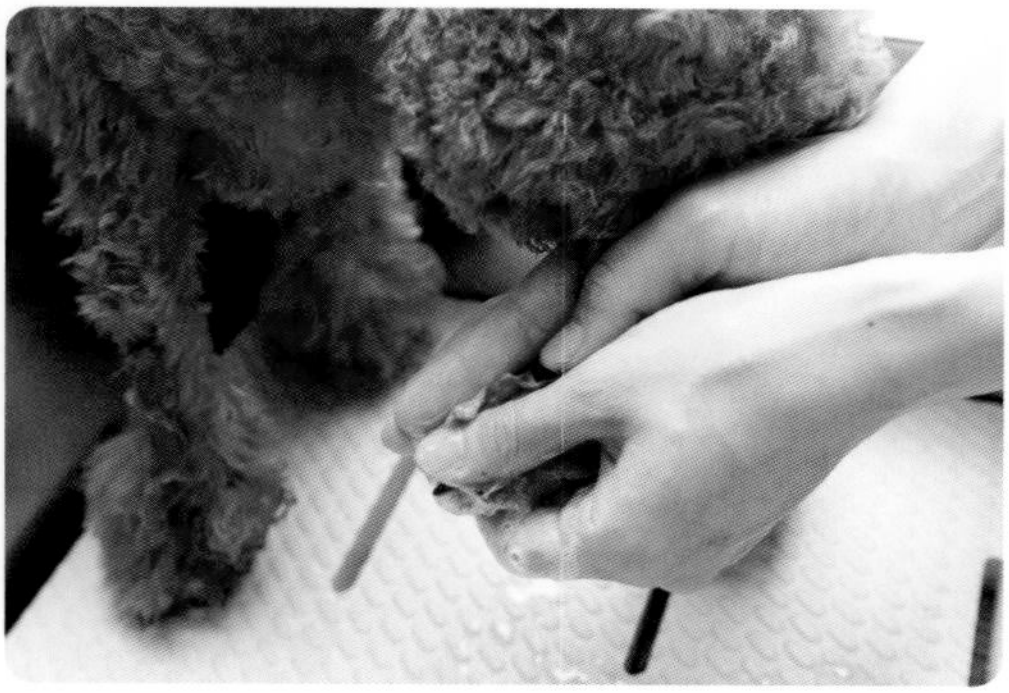

2

シャンプーを手で泡立て、両手で足を包み込むように洗います。最後はしっかり洗い流しましょう。

おしり

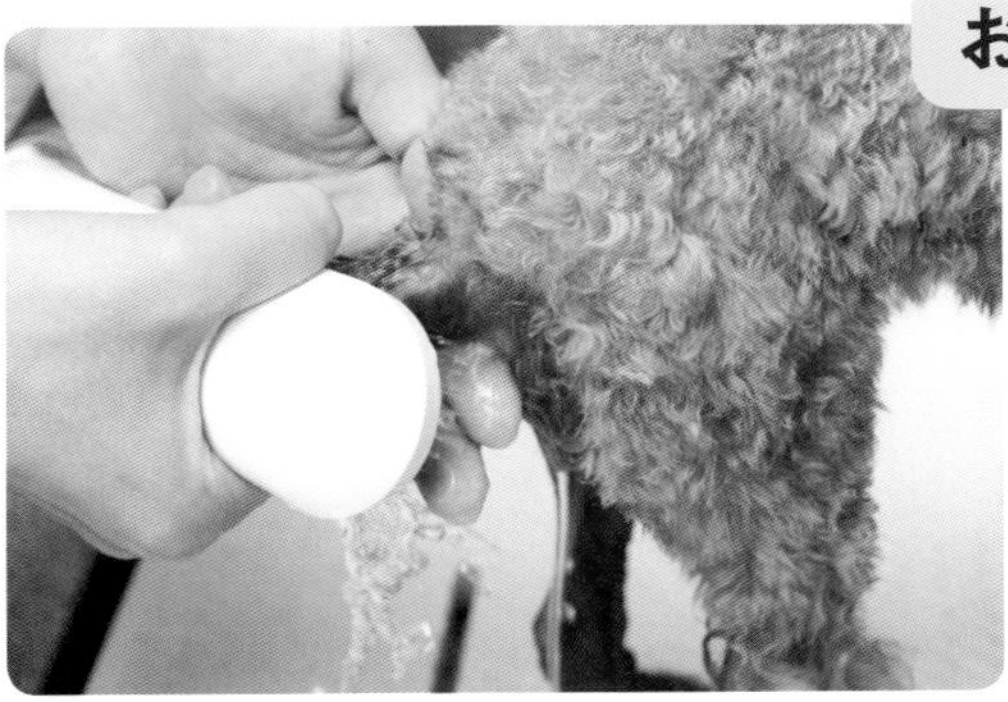

シャワーでざっと汚れを流してから、シャンプーを泡立て、肛門まわりをさするようにしながら、やさしく汚れを落とします。

口のまわり

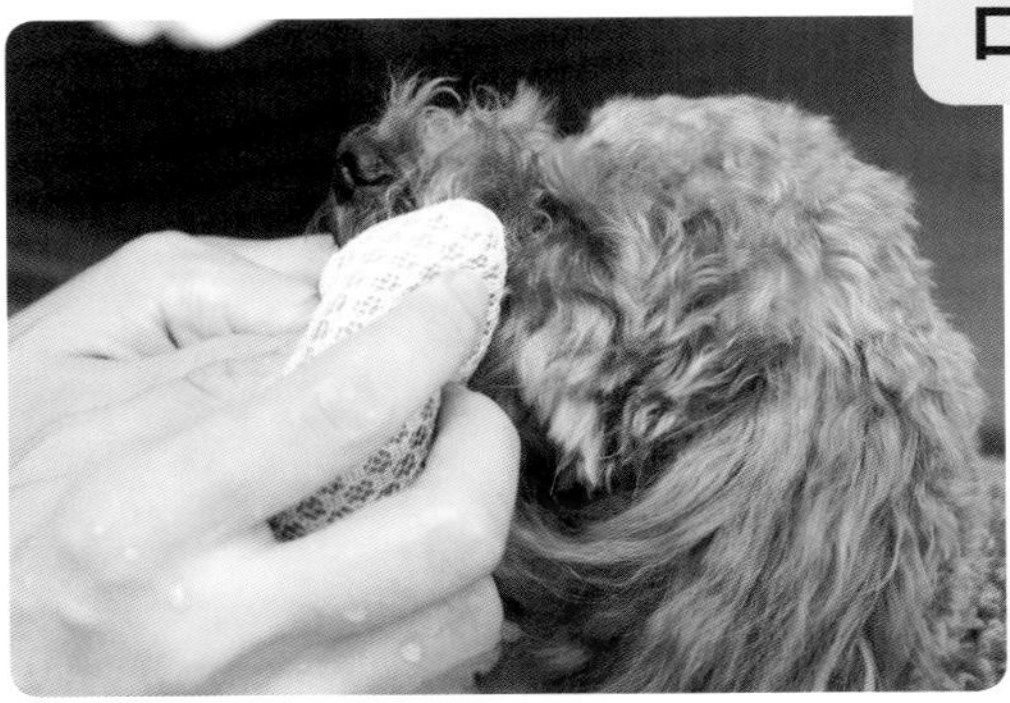

1

スポンジを犬用に用意します。鼻に水が入るのを避けるため、濡らしたスポンジで口の横の毛をつまんで。

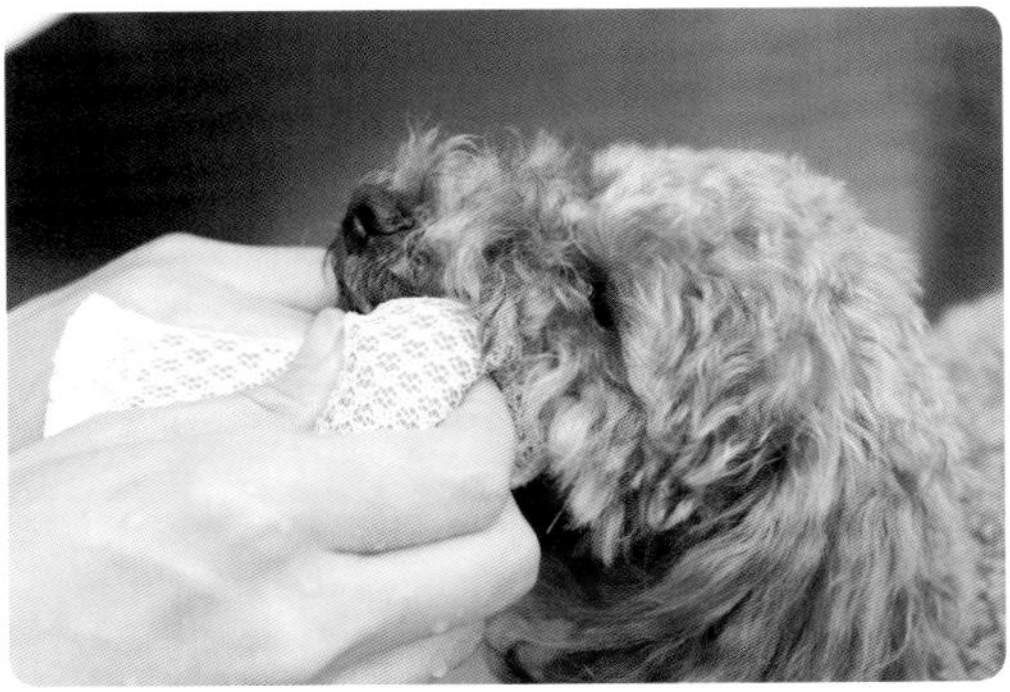

2

ゆっくり引いて汚れを拭き取りましょう。汚れが落ちないときは、スポンジでシャンプーを泡立てて、汚れを落とします。最後は洗い流して。

トリミングサロンでシャンプー

地肌や被毛の汚れを落としてもらおう

足やおしりが汚れたときは家で部分洗いをし、月1～2回はトリミングサロンでシャンプーをしてもらい、ブラッシングだけでは落としきれない地肌や被毛の汚れを落とします。犬の体調が悪いときは、無理をせず、獣医師に相談してからにしましょう。

ブラッシング

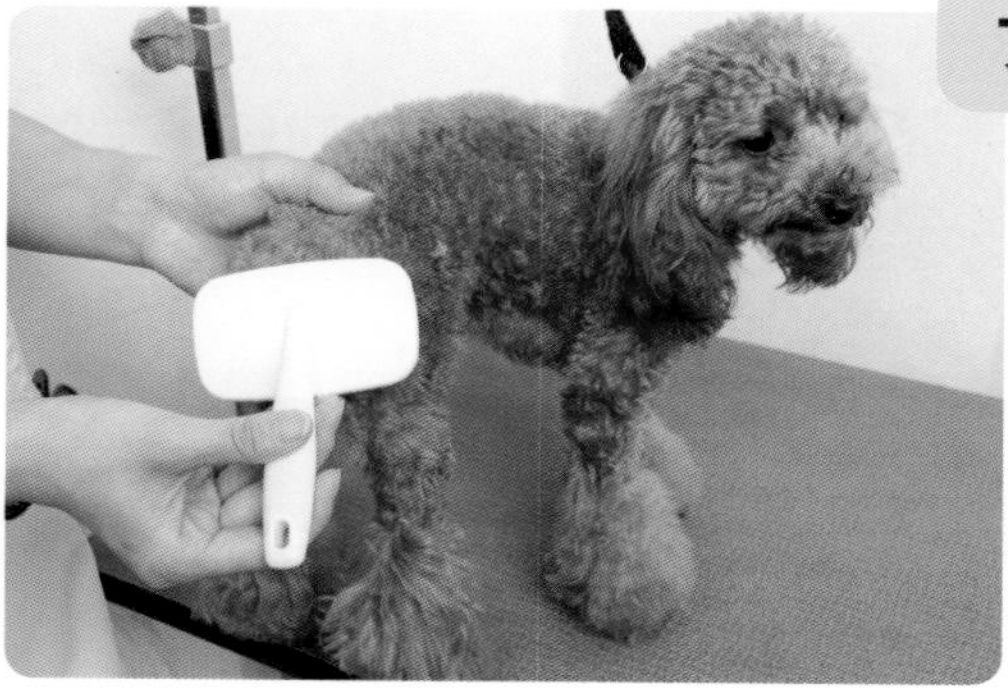

1

シャンプー前に必ずブラッシングをします。毛玉をそのままにして洗ってしまうと、汚れがとれなくなり、毛玉もほぐしにくくなってしまうからです。

全身を濡らす

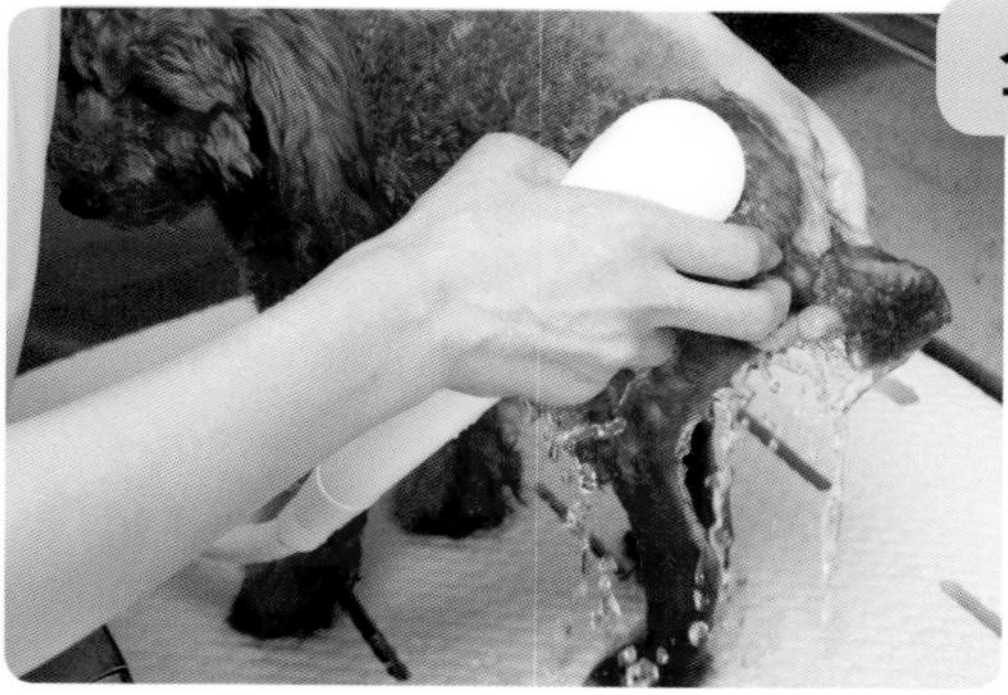

2

お湯の温度は「ぬるい」と感じるぐらい（36～37度）に設定します。おしりのほう（顔から遠いところ）からお湯をかけていきます。

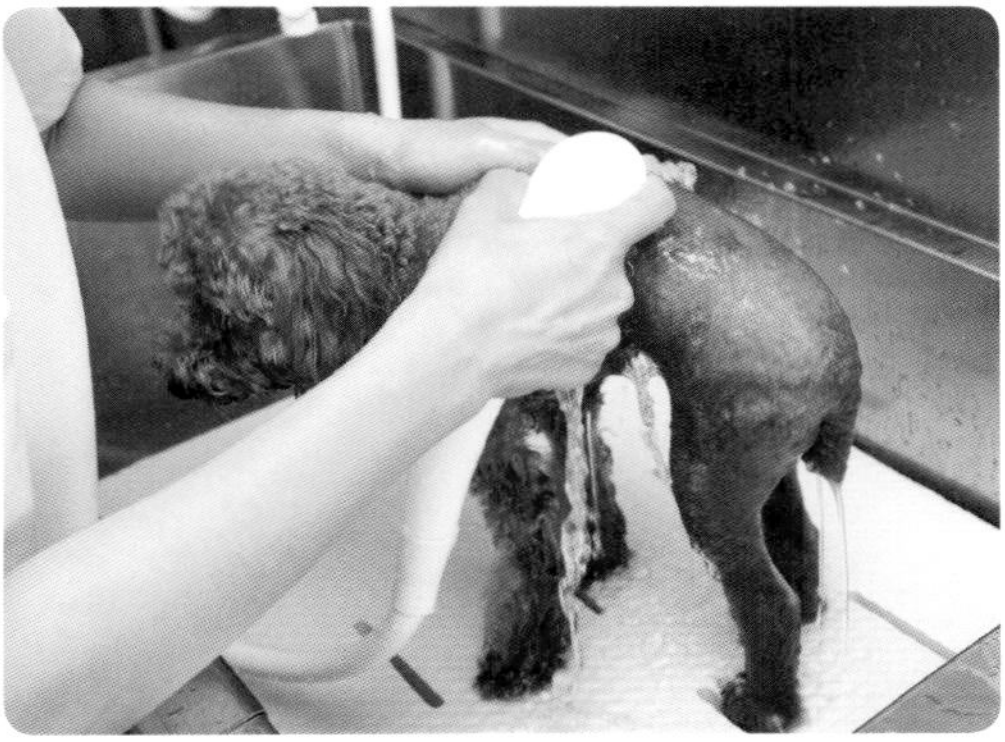

3

足、背中、首筋へ、お湯をかけます。水圧は弱めにし、犬が怖がらないよう、シャワーヘッドをなるべく犬の体に近づけるようにするのがコツ。

肛門嚢絞り

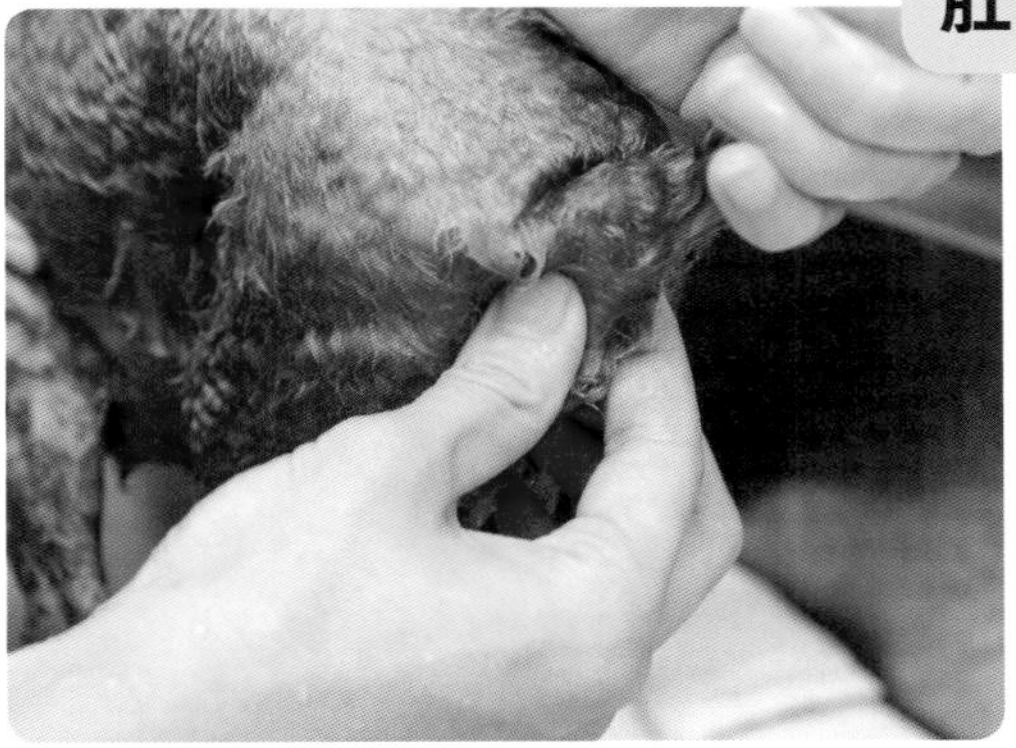

4

肛門の周囲には、悪臭がする分泌物が入った肛門嚢《こうもんのう》があります。指で肛門の下のあたりの両脇をつまんで絞り、分泌物を出します。

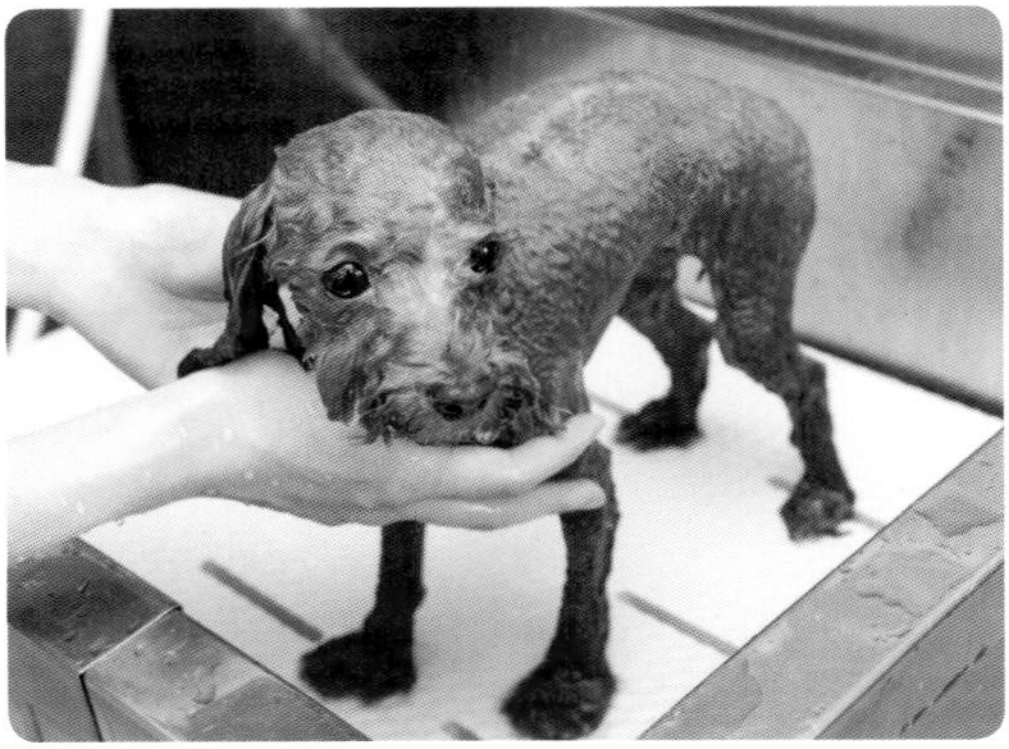

5

最後に頭と顔を濡らして、お湯をかけます。

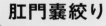

シャンプーで洗う

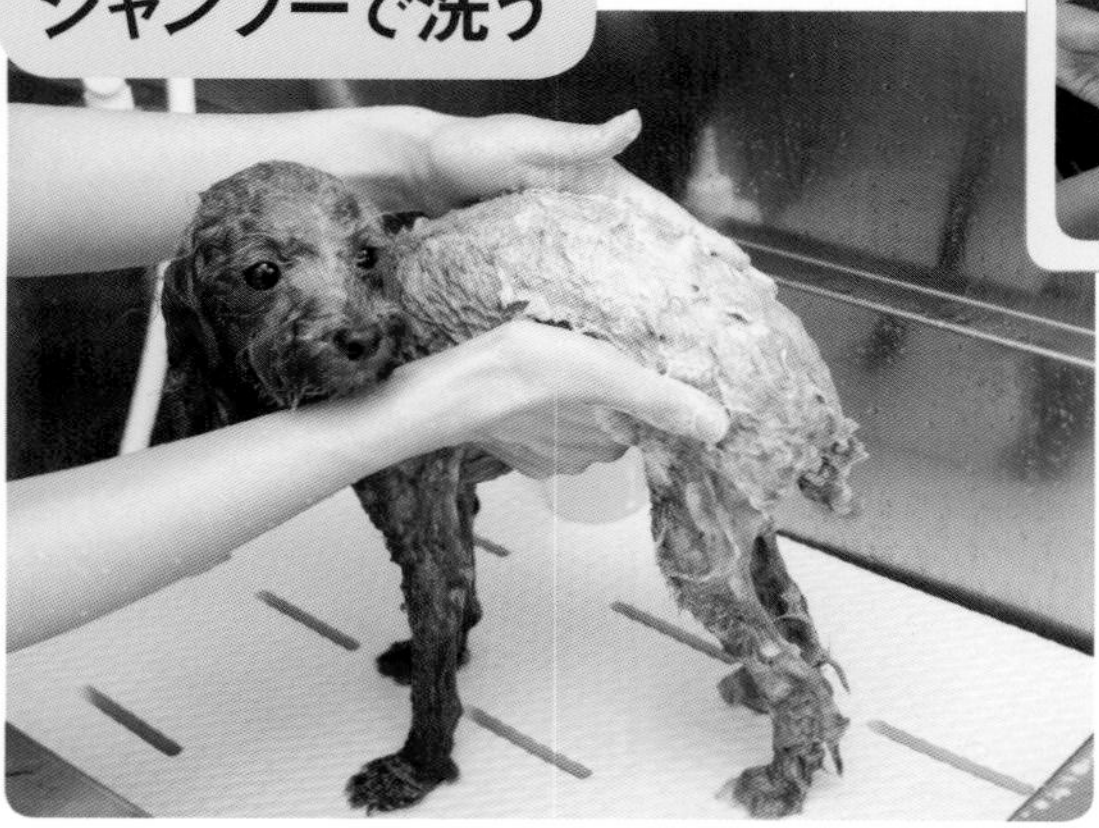

POINT

あらかじめ洗面器にシャンプーを出し、お湯を入れてスポンジで泡立てておきましょう。

6

泡立てたシャンプーを手にとり、背中、首筋などにつけて洗っていきます。つめを立てず、指の腹で地肌をマッサージするような感覚で行います。

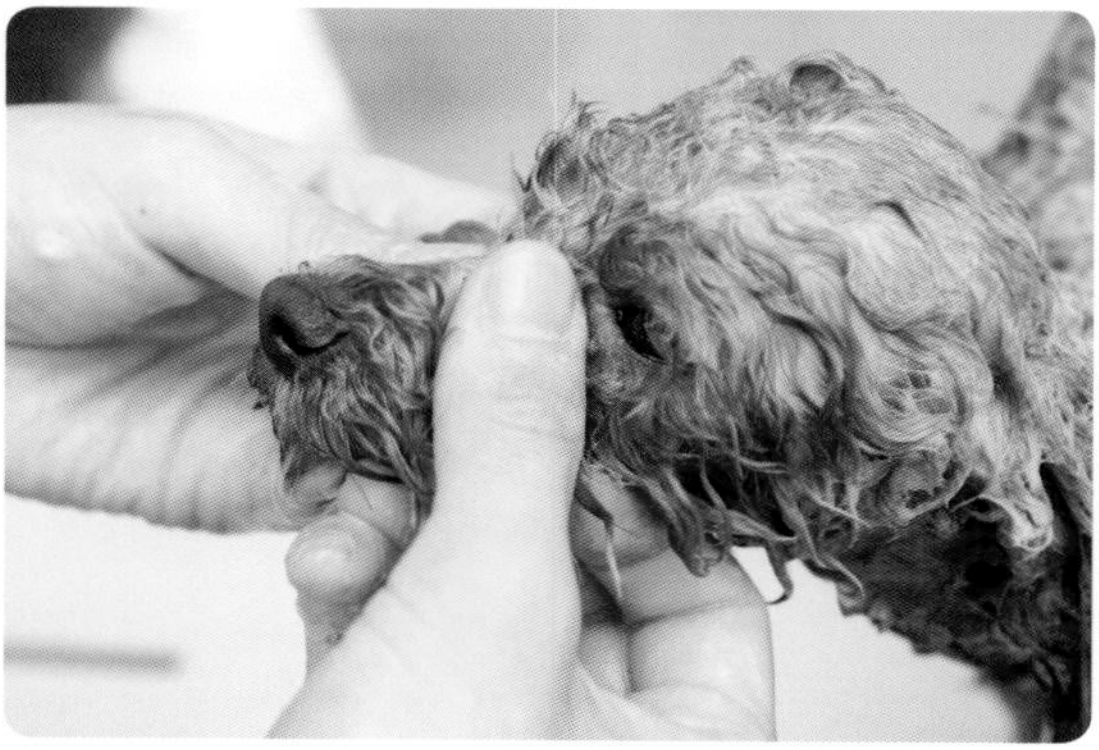

7

顔も泡立てたシャンプーを手につけて洗います。目頭、口のまわりなどはつまんでもむように洗いながら汚れを落とします。

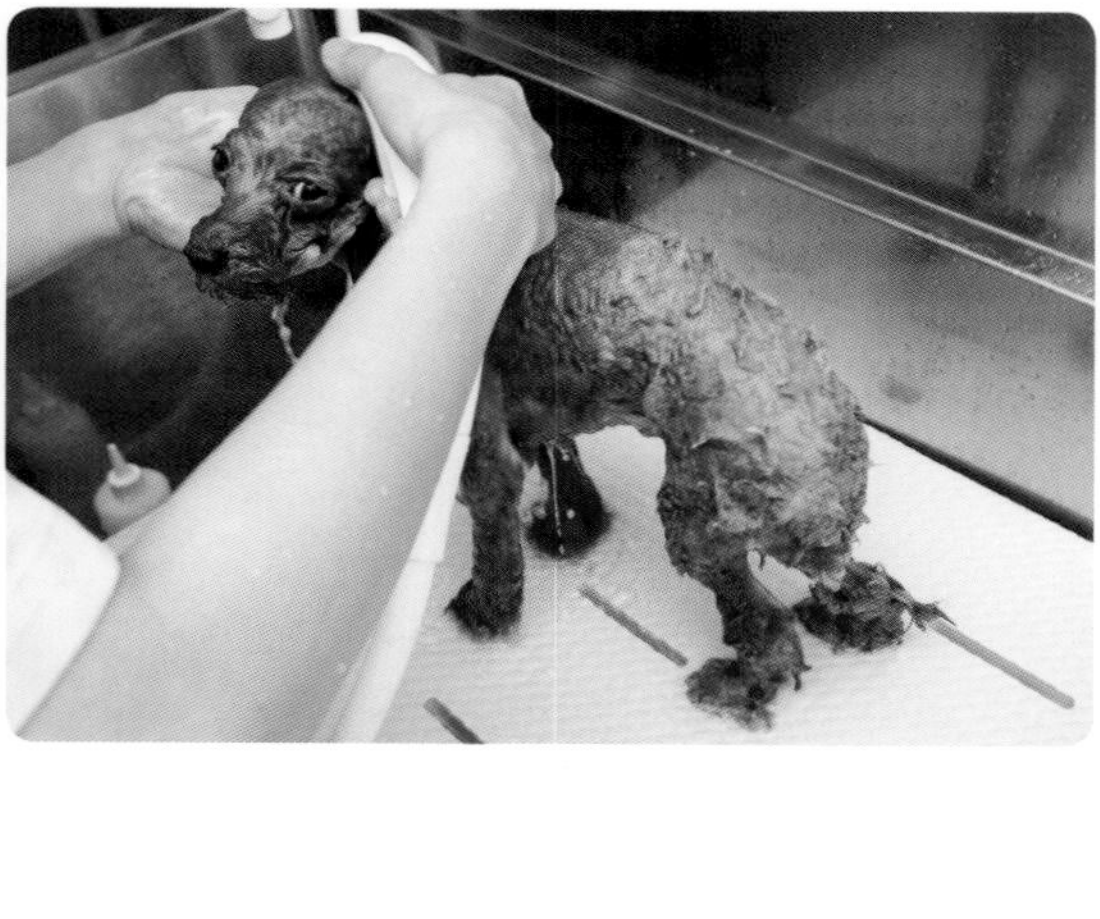

8

体の中でいちばん高い位置にある頭から流します。あごを支えて耳にシャワーのお湯が入らないよう注意し、頭に沿ってシャワーヘッドをすべらせていきます。

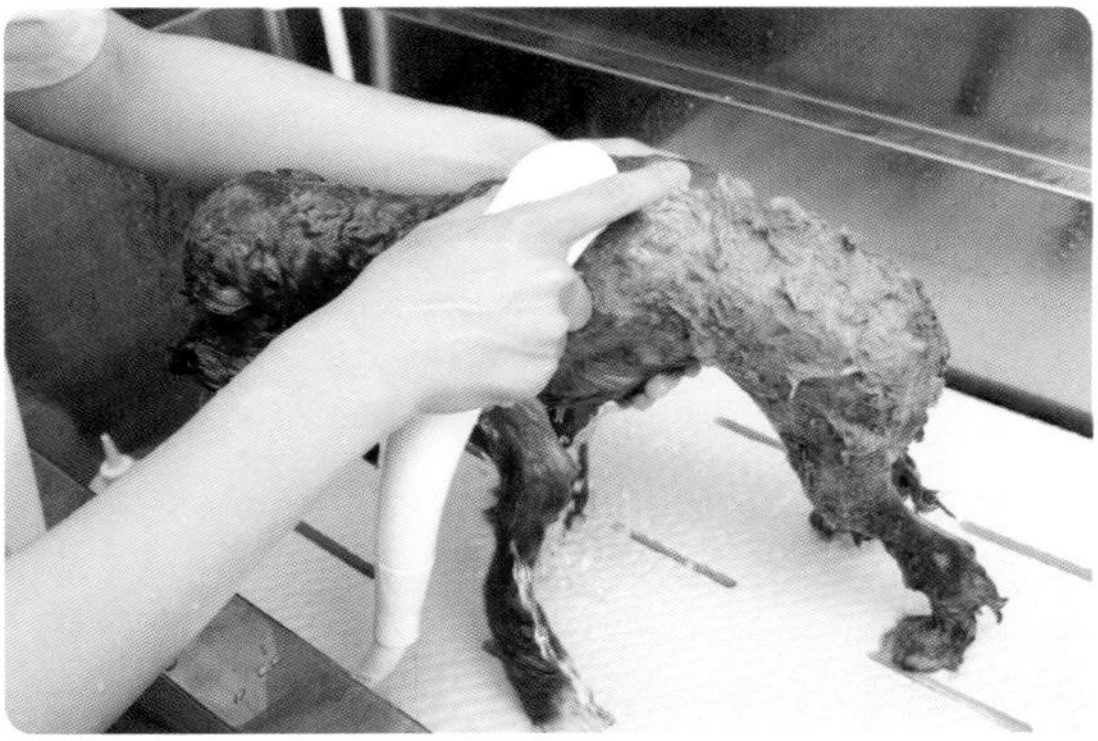

9

背骨に沿ってシャワーをかけて、全身のシャンプーを落としていきます。

コンディショナーをつける

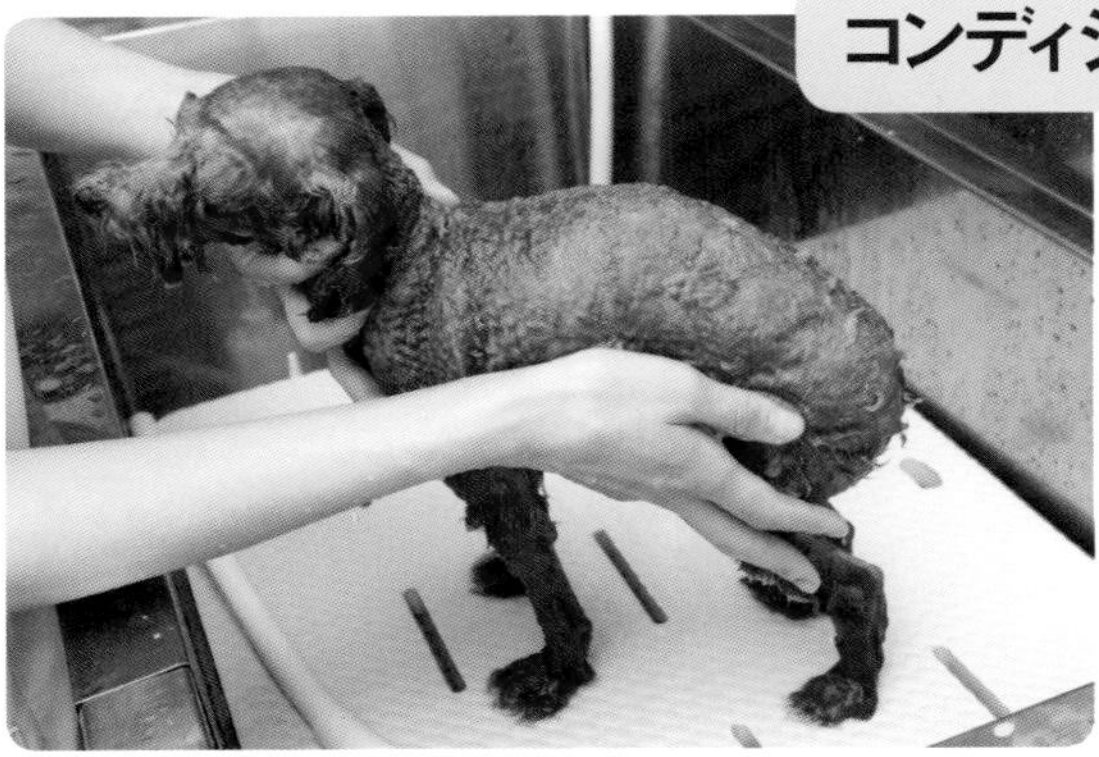

10

コンディショナーを手にとり、全身になじませます。被毛にツヤが出て、毛玉ができにくくなります。最後はシャンプーと同様、よく洗い流します。

拭く

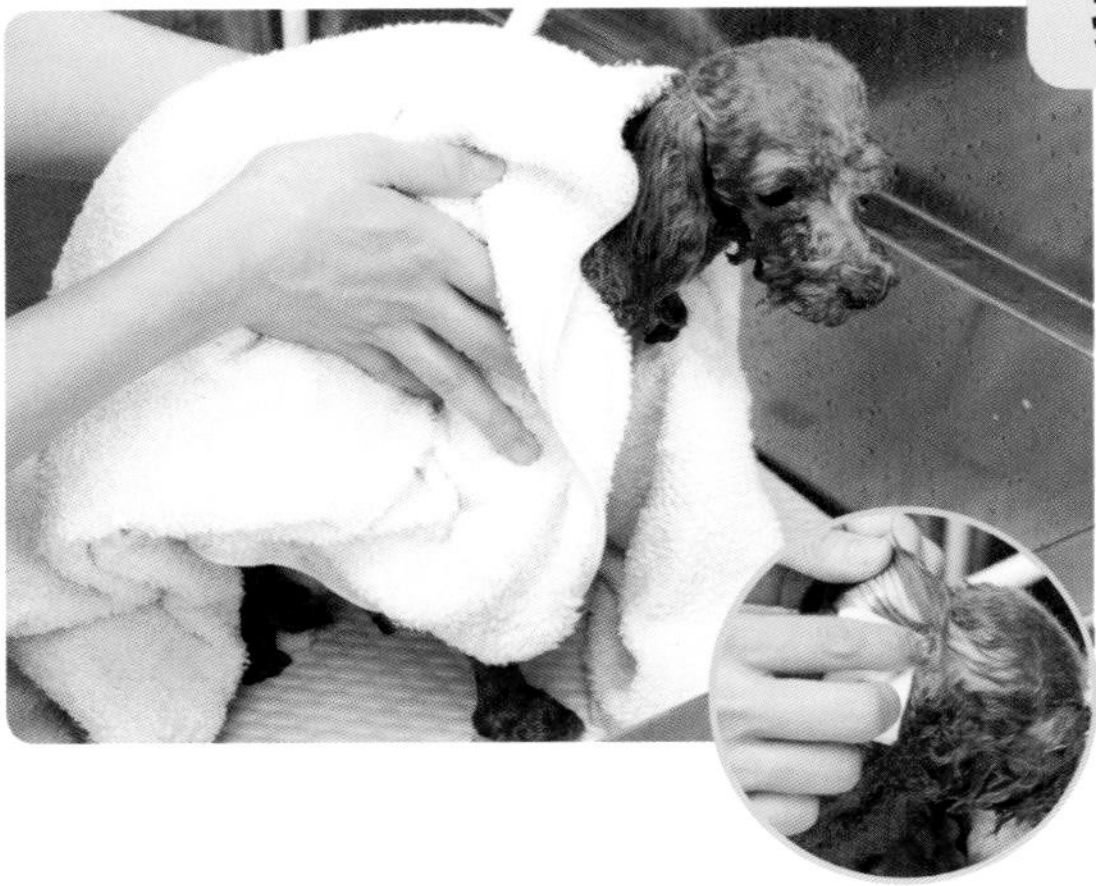

11

被毛を手で絞って水けをきったら、タオルで体を包み、軽く手で押さえるように拭きます。耳の入り口付近の水けはコットンで拭き取ります。

ブロー

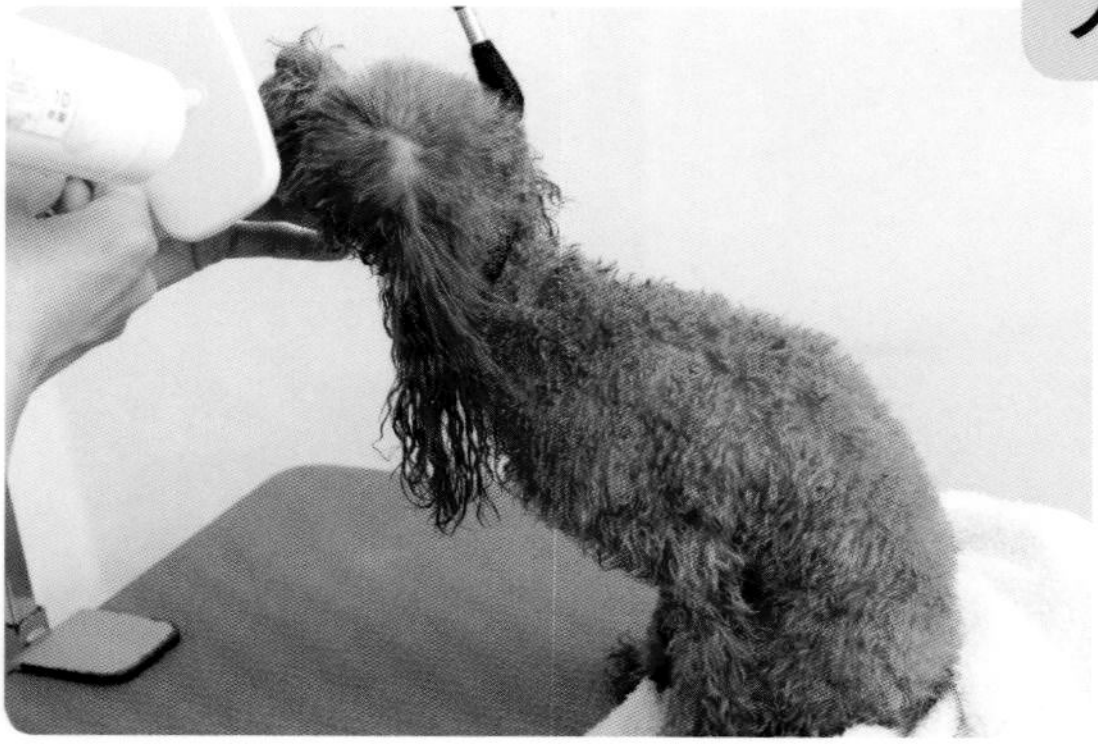

12

毛玉を防ぐため、根元から被毛を乾かすのがポイント。なるべく頭から乾かし始めますが、顔に風が当たるのを嫌がることが多いので、顔の正面から風を当てないようにします。

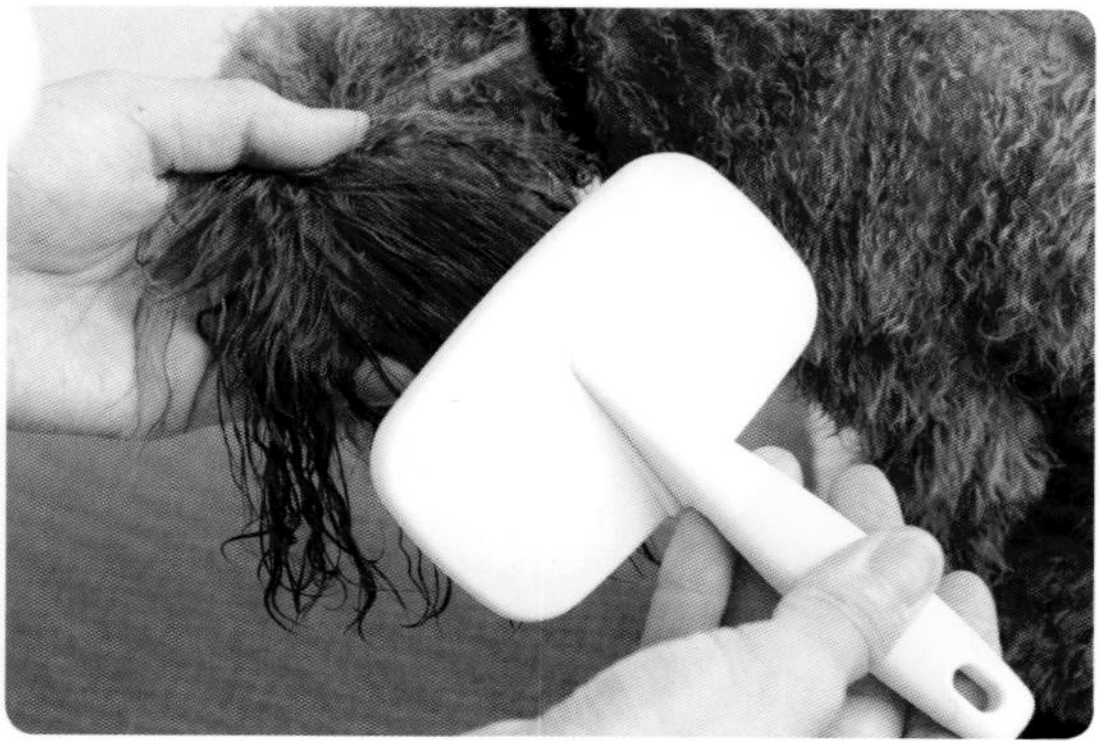

13

耳の内側に手を当てて、スリッカーブラシでやさしくとかしながら乾かします。耳のつけ根は湿気が残りやすいので、念入りに。

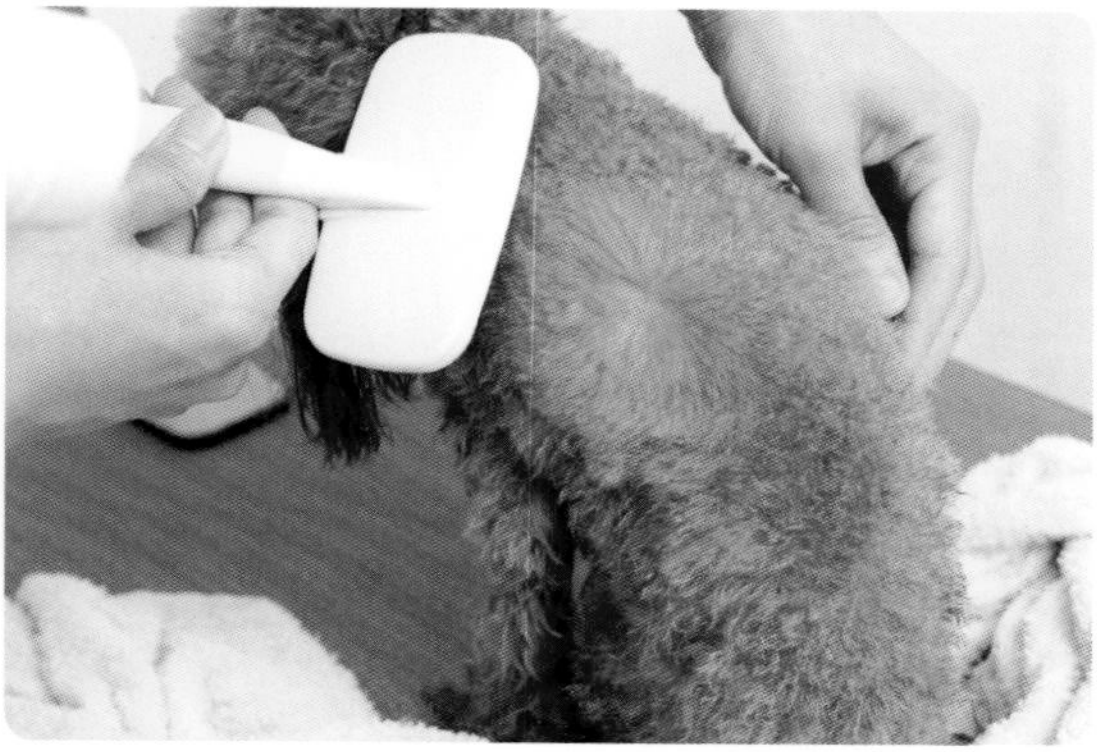

14

背中は毛の流れとは逆に、毛を立てるようにブローしたり、毛の流れに沿ったり、スリッカーブラシの方向を変えながら乾かします。

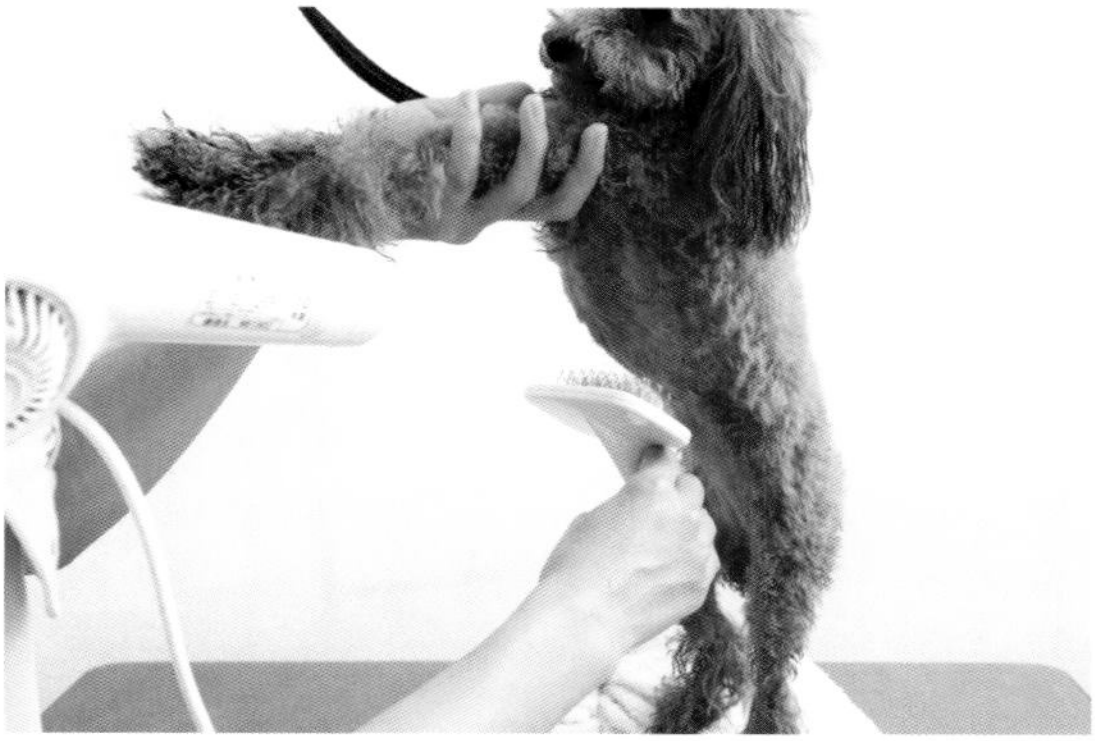

15

前足を持ち、おなかや脇の下などの湿っているところにスリッカーブラシを当て、とかしながら乾かします。最後に耳をめくって、むれないように乾かします。

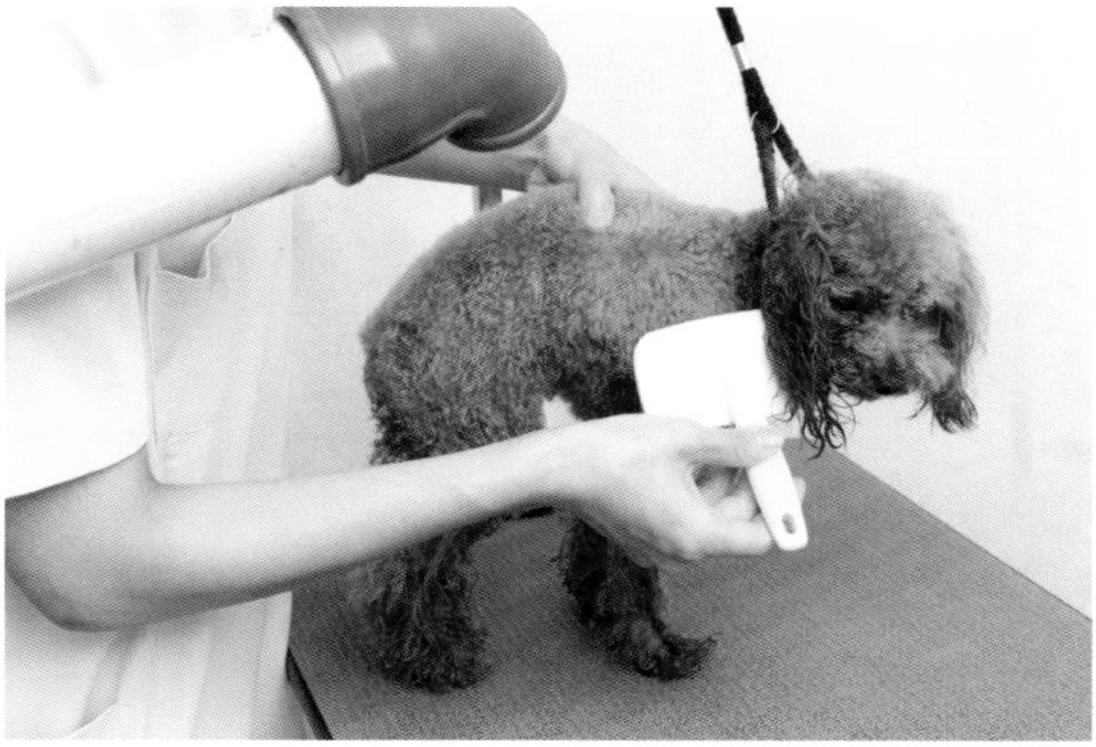

16

トリミングサロンでは、被毛を傷めないように、強い風圧のドライヤーを使う場合もあります。

トイ・プードルのブローは、被毛を根元からしっかりのばさないと毛玉の原因になります。家ではなかなか難しいため、サロンでのシャンプーをおすすめします。

Advice

服にドライヤーを固定して

ひとりで作業をする場合は、ドライヤーをシャツやエプロンにはさんで固定すると便利。両手が使えるのでブラッシングがしやすくなります。

Advice

もし家でシャンプーするときは…

家でシャンプーをするときは、耳に水が入らないよう、コットンで耳栓をしてあげましょう。穴がふさがり、耳栓が見えるぐらいに入れればＯＫです。

ムダ毛のお手入れとトリミング

足裏、肛門まわりの毛を短くカット

トイ・プードルのカットはトリミングサロンでしてもらいます。ただし、足裏の毛や肛門まわりの毛が伸びすぎてしまったときは、家でカットしてあげても。

足裏の肉球まわりの毛が長いと、フローリングの床などで足を滑らせ、けがの原因にもなります。犬用のはさみかバリカンを使いますが、バリカンのほうが安全で剃りやすいでしょう。肛門まわりの毛は、うんちのときについてしまうようならカットします。バリカンを使うときは肛門から外側に向けて動かしましょう。

足の裏

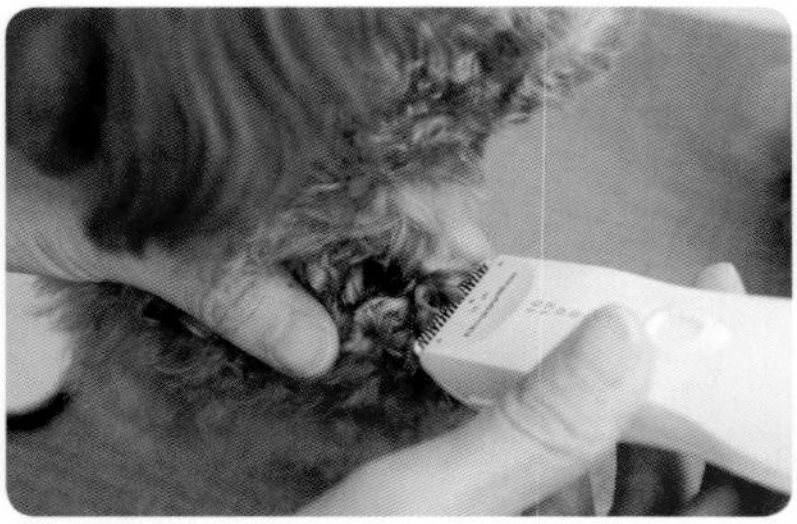

皮膚に対して平行にバリカンの刃を当て、肉球にかかった余分な毛をカットします。

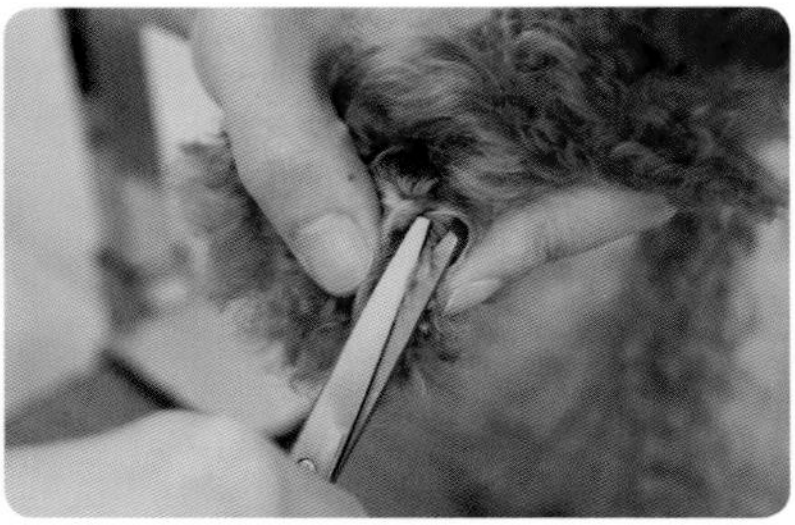

肉球の間の毛をつまむようにしてカットします。深く切らなくても大丈夫。

肛門のまわり

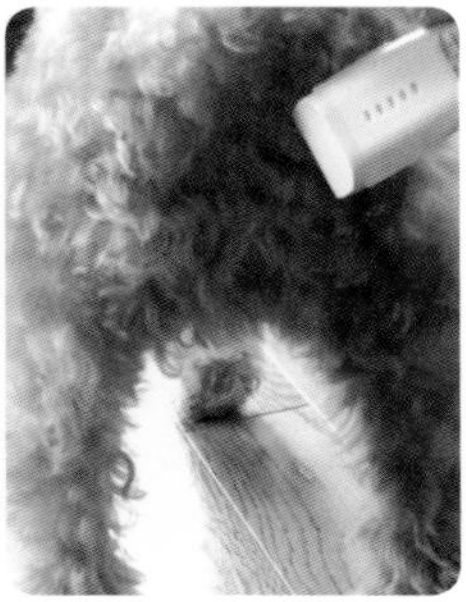

バリカンの場合は、肛門にバリカンの刃が当たらないよう、肛門から外向きに動かしてカットします。

しっぽを持ち上げ、肛門にかかる毛をカットします。

トリミングサロンでスタイルを楽しもう

トイ・プードルの被毛はどんどん長くなるので、定期的なカットが必要です。スタートは子犬の頃のワクチン接種が終わった、生後4カ月ごろ。そのあとは月に1〜2回くらいのペースでトリミングサロンに連れていくのがおすすめです。カットスタイルは、顔をバリカンで刈るタイプや、テディベアのようなカット、モヒカン風カットなどさまざま。自分のイメージに近いスタイルの写真があれば持っていきましょう。犬の毛質や体つきに合うかどうか、トリマーが相談にのってくれます。

トリミングサロンを選ぶポイント

- サロン内の清潔が保たれている。
- トリミング前にスタイルの相談にのってくれる。
- 犬に愛情をもって接してくれる。
- 通いやすい立地にある。
- トリミング後、気がついた健康状態などを話してくれる。

チョキチョキ

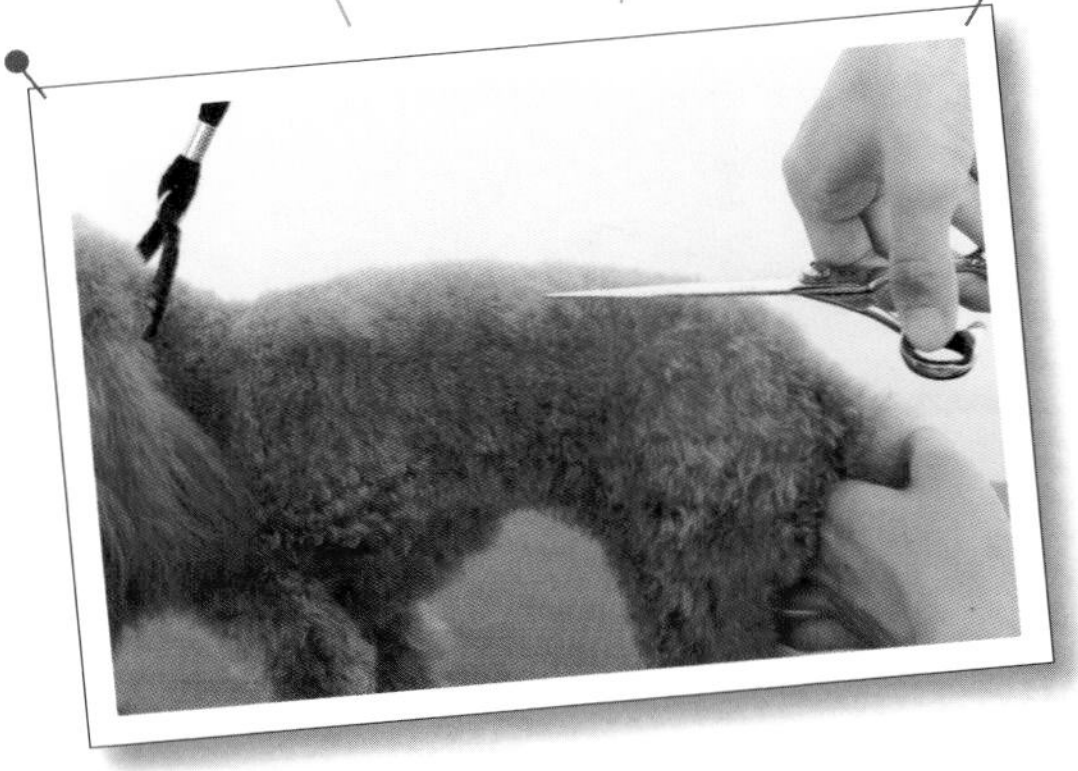

かわいくしてね！

健康な耳、つめ、歯をキープ

定期的に耳のお手入れをしましょう

トイ・プードルは耳の中に被毛が生える犬種。耳毛が密なので掃除がしづらいです。耳の中をのぞき、毛が伸びていたり汚れていたりしたら、お手入れをしましょう。目安は2週間に1回くらいです。外耳炎で点耳薬を入れる際に毛が邪魔になるなどの場合は、必要に応じて耳毛抜きを行います。家で耳毛を抜く場合は指でつまんで抜きましょう。耳の中の汚れは少し湿らせたコットンを使い、指が届く範囲で拭き取ります。奥まで入れたり、ゴシゴシこすったりするのはやめましょう。

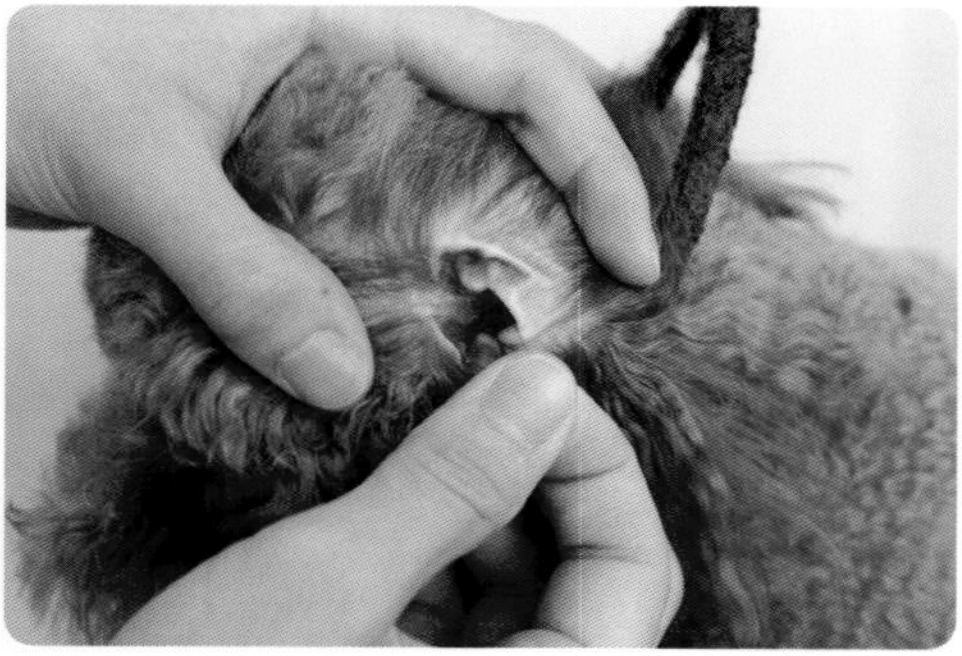

指で
見える範囲の耳毛をつまみ、少しずつ抜きます。

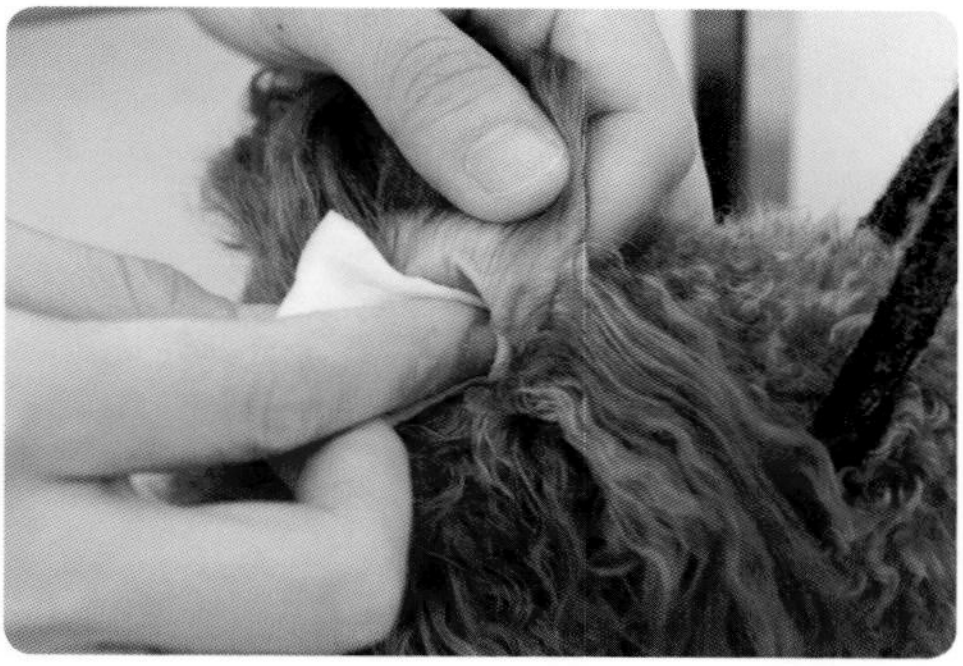

耳の中の汚れ
軽く湿らせたコットンで耳の穴の入り口付近の汚れをとります。

つめの血管まで切らないように

室内を歩くとき、つめが伸びているとひっかかってしまうので、3週間に1回くらいはチェックしてつめを切ります。つめの中には血管が通っているので、そこまで切らないよう、少しずつ切るのがポイント。もしつめを切ったときに出血したら、小麦粉（または片栗粉）を少量指にとり、断面に詰め、しばらく押さえていると止血剤代わりになります。つめを切る前に、あらかじめ小麦粉を用意しておくとよいでしょう。自宅で切るのが難しい場合は、動物病院やトリミングサロンで切ってもらいましょう。

つめの切り方

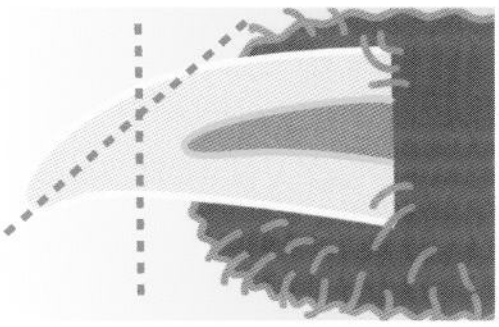

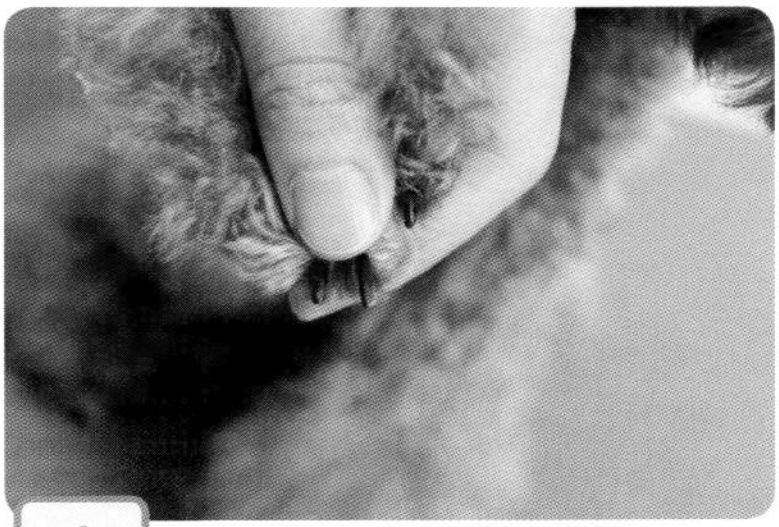

1 つめの根元を親指と人さし指でしっかり押さえて、つめを出します。

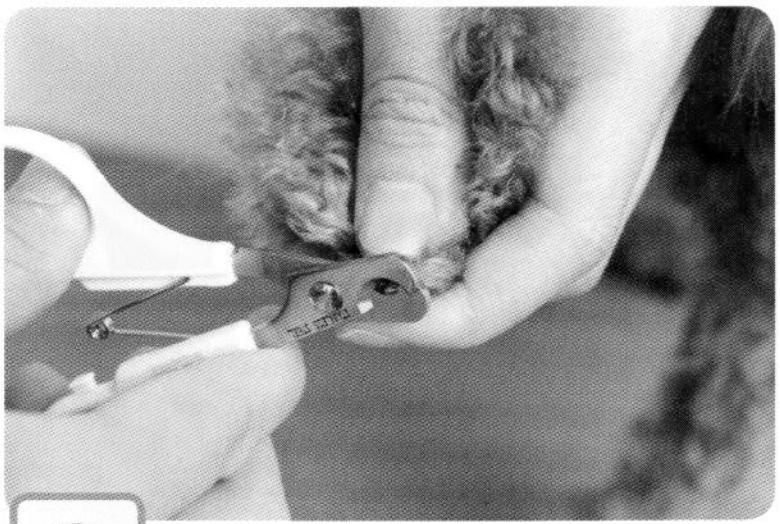

2 切りすぎないよう、少しずつ切り、最後にやすりでなめらかにしましょう。

COLUMN

目のお手入れ いつも目のまわりを清潔に

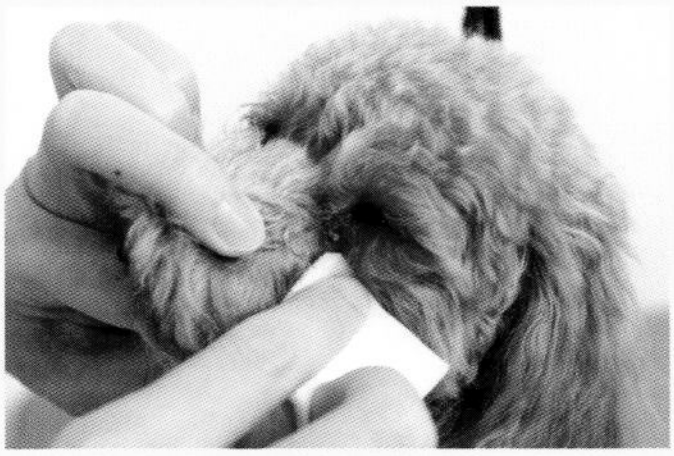

目やにや涙が目頭の周辺についていたら、乾いたコットンでやさしく拭いてあげましょう。目やにが固まってしまったときは、濡らしたコットンをしばらく当てて、ふやかしてから汚れを落とすようにすると◎。

少しずつ歯ブラシに慣らしましょう

トイ・プードルは歯周病になりやすいので、予防のために歯を磨いて歯垢（歯の汚れ）を落とすことが大切。歯垢は3〜5日で歯石に変わります。1日1回は歯を磨いてあげましょう。

STEP❶

犬は口を触られるのが苦手。子犬の頃から口を触る練習を開始。

STEP❷

歯を触れるようになったら、湿らせたガーゼを指に巻いて歯を磨きます。最初は前の歯を1回こするだけでOK。次の日は2回こする、次は右横の歯、と少しずつ慣れさせます。犬が嫌がる前に歯磨きを終わらせることが大事。

STEP❸

ガーゼに慣れたら、歯ブラシにトライ。歯ブラシは水でよく濡らしてから使用します。指の腹で唇に触れたら、そのまま軽く上にスライド。歯ブラシを前歯、横の歯、奥歯などに当て、少しずつ慣らします。歯周ポケット（歯と歯ぐきの間）、歯の裏も磨けるようにしましょう。歯磨きペーストを使うとより効果的です。

STEP❶

口のまわりを触っても嫌がらないようにに慣れさせます。

↓

STEP❷

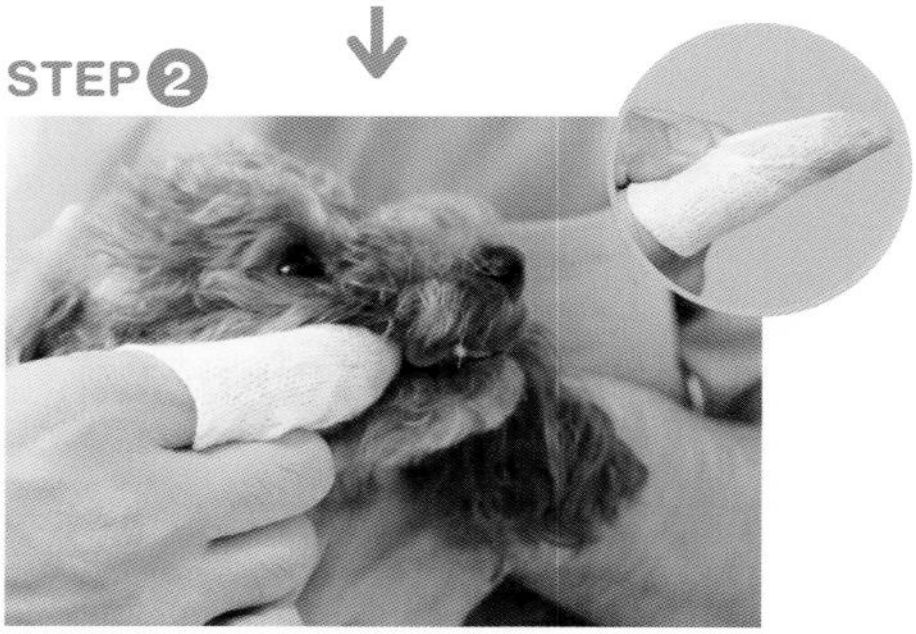

水で湿らせたガーゼを指に巻いて、歯についた汚れを拭き取ります。

↓

STEP❸

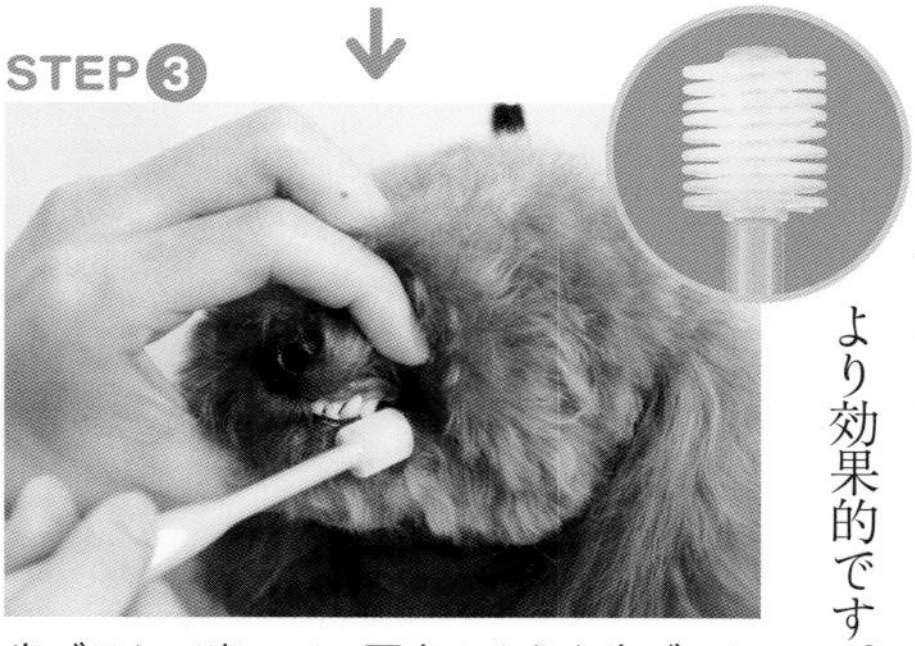

歯ブラシで磨いて。写真のような歯ブラシは、360度どこからでも歯を磨ける超小型犬用タイプでおすすめ。

PART.5

おしゃれを楽しもう

キュートなトイ・プードルファッション

おしゃれだけでなく機能的な役割も

服を着たトイ・プードルはとてもかわいらしいのですが、服のメリットは見た目だけではありません。防寒対策のほか、汚れを防ぎ、虫よけになるなど、機能的な役割も果たしています。また、トイ・プードルのような小型の犬の場合、夏の散歩はアスファルトの照り返しが熱いので（夜の散歩でも熱いときがある）、服を着ていれば体を保護することができます。ただし、突然服を着せると嫌がる犬もいるので、子犬のうちから背中にハンカチをかけたりして、慣れさせてから着せましょう。

採寸のしかた

服を選ぶときは、着丈、首まわり、胴まわりを測りましょう。

着丈

首輪をつけるあたりの首のつけ根から、しっぽのつけ根までを測ります。

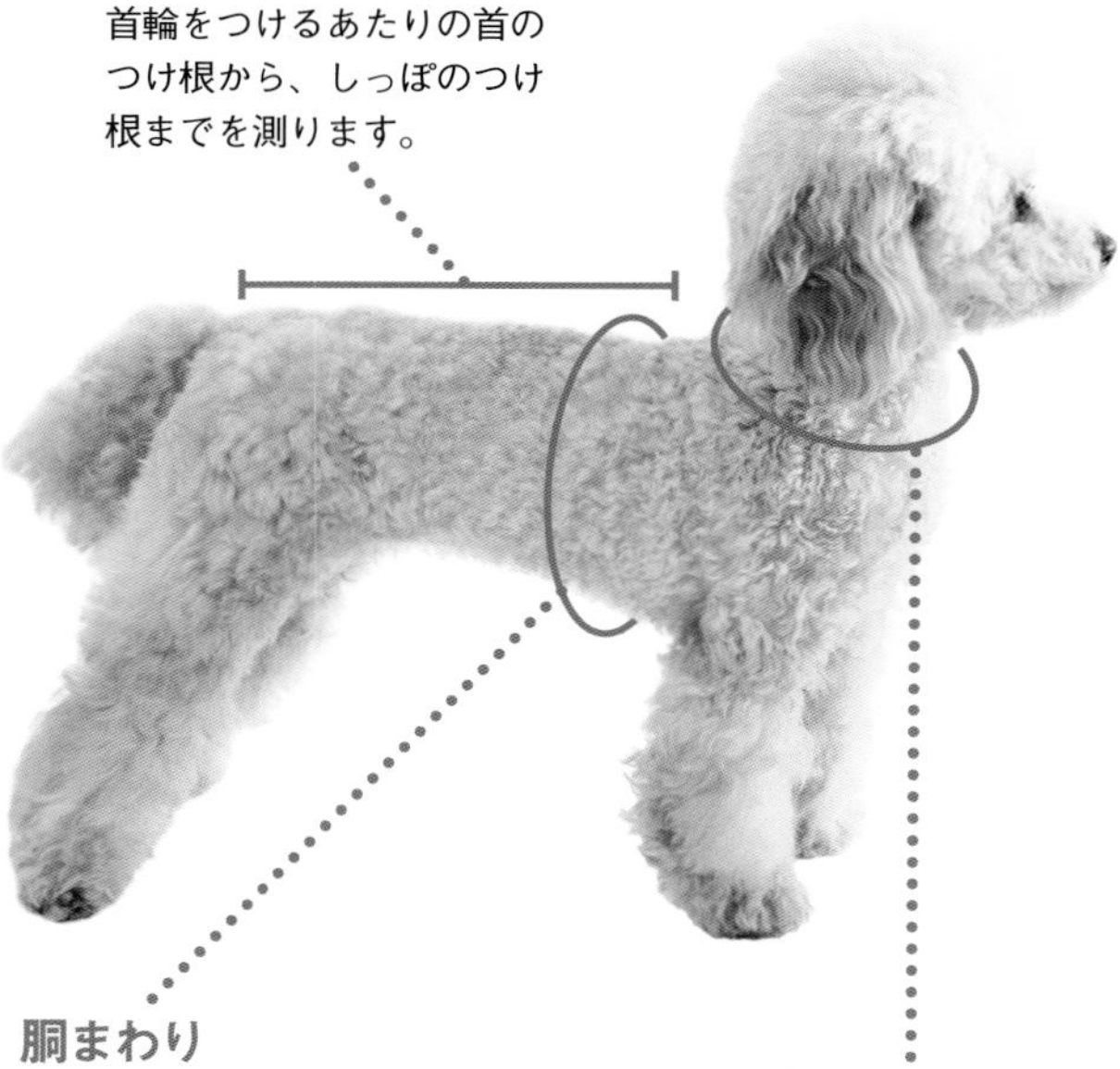

胴まわり

前足のつけ根あたりの胴がいちばん太いところをメジャーで一周して測ります。

首まわり

首輪の位置をメジャーで一周して測ります。

おすすめのウエア

ウエアを着せることは見た目のおしゃれはもちろん、虫よけや防寒など、機能面でもメリットがたくさん！　愛犬が快適に過ごせるよう、体の大きさに適したサイズを選んで。

米国NASAのために開発された素材・アウトラスト®を使用。寒さの厳しい場所でも、炎天下でも快適だと感じる温度をマイクロカプセルが放熱＆吸熱を行うことでキープ！

メッセージ適温Tシャツ／Ⓟ

グーンとのびて着せやすいクール機能付きロンパース。クール加工＋薄手の生地で、春夏シーズンも爽やかに！　着せやすく、体にフィットする絶妙な伸縮性も魅力。

カジュアルプリントロンパース・クール／Ⓟ

ふわっと柔らか、よくのびてフィット！　袖ぐりが広めで、足が通しやすく、走るときには前足の動きも邪魔しない。サラッとした薄手生地なので、一年中心地よく着用可能。

Sippole スリットラグランT（'2020）／Ⓟ

さらにあると便利なグッズ

ウエア以外にプラスして、実は持っていると重宝する小物をご紹介。

内側ははっ水加工、ティッシュ専用ホルダー付き。

ワンダウェイ　お散歩バッグ／Ⓟ

片手で簡単に開ける。内側は消臭・抗菌素材で清潔を保つ。

Sippole 消臭マナーポーチ／Ⓟ

首に負担をかけずに散歩ができる胴輪もあると◎。

フルッタ　ウォーリアスハーネス／Ⓟ

保冷剤を入れて使うネッククーラー。簡単なバックル装着。

スムージーネッククーラー 保冷剤付き／Ⓘ

似合うカットスタイルを見つけてあげよう

独特なカット法はショーでのスタイルに

トイ・プードルはいろいろなカットスタイルが楽しめる犬種。プードルのカット方法はクリッパー（バリカン）で毛を刈ることから「クリップ」と呼ばれています。水猟犬として活躍していたころ、水中で作業がしやすいようあみ出されたカット法が、その後ドッグショーに出陣するスタイルへ発展していきました。最近では、ぬいぐるみのような「テディベアカット」が流行しています。トイ・プードルは鼻先の長さや頬や耳の毛の量などがさまざま。似合うスタイルを見つけてあげましょう。

＼かわいいね！／ 代表的なクリップ

コンチネンタル・クリップ	後躯（おしりと後ろ足、背中の一部）を刈り上げた、ショーで人気の軽快なクリップ
イングリッシュ・サドル・クリップ	猟犬時代のスタイルを残すゴージャスなクリップ
サマー・マイアミ・クリップ	足の下部と尾先以外を極端に短く刈り込むクリップ
テディベアカット	動かないとまるでお人形！　テディベアのような、ムクムクのかわいいカット

毛の量が多い子におすすめ
モコモコのぬいぐるみスタイル

ボリュームのある耳と丸い口まわりのカットがチャームポイント。テディベアのようにモコモコして、つい触りたくなります。太く真っすぐな足もかわいらしさを演出。

顔が横長になるようにカット。インパクトがあります。

しっぽも真ん丸にカットされています。

ゴージャスで高貴なスタイル コンチネンタル・クリップ

**後躯を刈り上げた、ドッグショーでおなじみのスタイル。
美しいプードルの体型が引き立っています。
頭や耳の毛のゴージャスさも目を引き、優雅で独特な品格を漂わせています。**

POINT

鼻まわりはバリカンで刈り、耳や頭部の毛は複雑にカットしています。全体のバランスのよさが要求される難しいカットスタイルです。

POINT

しっぽのつけ根にもバリカンを入れて、丸いポンポンを作っています。

POINT

足は大きめのポンポン（パフ）にして、ブーツを履いているように。

気品を感じるね

ぬいぐるみのようなフォルム

ふんわり耳カットスタイル

両耳と頭をつなぐ丸いラインが愛らしい！　口まわりも丸いので、やわらかな印象です。たっぷりした毛量を生かした耳が、動くたびに揺れてキュート。足はやや裾広がりのブーツカットで安定感があります。

POINT

ボリュームを残しながら、短くカットした耳がかわいい！

COLUMN

血統証明書とは

血統証明書の見方

血統証明書は純粋犬種であることを証明する書類です。繁殖者名、犬種や毛色、生年月日、一胎犬の数、３世代前までの祖先犬の情報などが記載されています。ドッグショーなどに出場したり、交配したりするときにはこの血統証明書が必要になります。

＊ＪＫＣ（ジャパンケネルクラブ）は純粋犬種の犬籍登録や畜犬の飼育奨励などの活動をしている社団法人で、国際畜犬連盟（ＦＣＩ）にも加盟しています。見本の血統証明書も同法人の発行しているものです

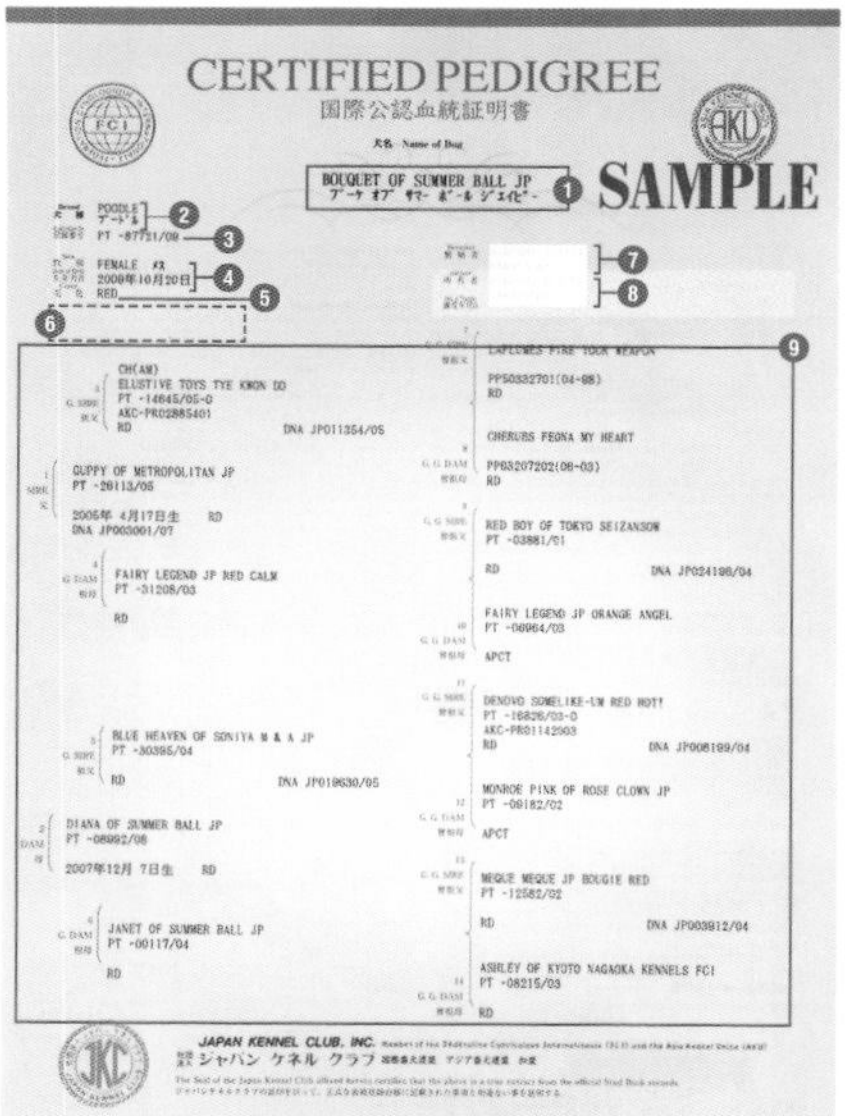

❶ 犬名

血統証明書上の正式な名前。名前と犬舎名（繁殖者が所有する屋号。犬の姓にあたる）の組み合わせでつけられます。「JP」は国際畜犬連盟にこの犬舎名が登録されていることを示します。

❷ 犬種

「POODLE（プードル）」と書かれています。

❸ 登録番号

犬籍登録上の通し番号です。犬種記号（アルファベット）＋５ケタの英数字＋年号（下２ケタ）で構成されています。トイ・プードルの犬種記号はＰＴです。

❹ 性別・生年月日

❺ 毛色

認められているトイ・プードルの色は単色のみです。２色以上の犬は毛色の前に×印がつけられます。

❻ ＤＮＡ登録番号・マイクロチップ番号・股関節の評価結果があれば記載

ＤＮＡ登録されている場合やマイクロチップが埋め込まれている場合、またはタトゥーによる個体識別番号があれば、その番号が記載されます。股関節の評価は所有者が検査をし、希望したときに記載して繁殖の指針としています。

❼ 繁殖者名

❽ 所有者名

入手時は繁殖者名が書かれていますが、飼い主の名前に変更が可能です。ただしＪＫＣの会員でない方は入会する必要があります。

❾ 系図など

３世代前までの血統が書かれています。それぞれの犬名、登録番号のほか、ＤＮＡ登録番号、ドッグショーや競技会でタイトルを取得している場合は、それも記載されます。登録番号に「－O」がついている場合は他団体（ＪＫＣ以外）からの単犬登録です。また登録番号の後ろにＣＤ、ＧＤ、ＩＰＯと記されている場合は、各種の訓練試験に合格していることを示しています。記号の意味については、血統証明書の裏側に説明があります。

裏面

左上には、犬が登録された年月日と、一胎子をオス、メスごとに示し、一胎犬の登録番号も記されています。

PART.6

食事・健康管理と かかりやすい病気

Toypoodle

食事は成長に合ったものを選んで

子犬の時期は量を増やすことも

ドッグフードは犬のために作られた完全栄養食。成長に合ったものを選んであげましょう。

生後1年の間は、どんどん大きくなる成長期です。体をつくるこの時期は、「子犬用」「パピー用」といった栄養価の高いドッグフードを1日数回に分けて食べさせます（p.42参照）。

ドッグフードの量はパッケージに表示されている規定量を目安にしますが、すぐに食べ終わって皿をなめているようなときは量が足りていません。成長期の子犬は代謝も高いため、十分に食べさせる必要があります。

次の食事で1割だけ増やし、様子を見ましょう。急に増やすと消化不良を起こして下痢をすることがあるので、1食ごとに増やして様子を見るのがポイントです。

成犬用、シニア用に切り替える

順調に成長していくと、生後10～11カ月ごろには骨格ができあがります。これ以降は骨格が大きくならないので、体重の増加には注意が必要です。高カロリーの子犬用フードから成犬用のフードに切り替えましょう。

さらに、7才以降のシニア期になったら、栄養だけではなく、食べやすさや大きさ、かたさを考慮したフードに切り替えます。

ドッグフードの目的別の分類

主食

『総合栄養食』『AAFCO（米国飼料検査官協会）の基準をクリア』と表記されたもの。規定の量を水といっしょに与えることで、健康維持・成長に必要な栄養が過不足なくとれます。

間食

ガム、ビスケット、ジャーキーなどのおやつやスナック。ごほうびなど特別な場合に与えます（p.127参照）。

そのほかの目的食

副食として与えられるものや、栄養管理や食事療法といった限定された目的で与えられるものなど。副食の多くは「一般食」と表記されています。栄養管理や食事療法の目的で使用する場合は、どんなフードをどれくらいの期間与えるのかなど、獣医師と相談しましょう。それ以外の場合、一般食のフードだけでは栄養が偏ってしまうので、総合栄養食のトッピングなどに利用するといいでしょう。

いろいろなドッグフード

ドライフード

水分含有量10%以下のカリカリタイプ。栄養バランスがよく、衛生面、保存性の面でも手軽で扱いやすい。歯石がつきにくい点もメリット。ちなみに下記で紹介する「サイエンス・ダイエット」製品は、AAFCOの基準をクリア！

「サイエンス・ダイエット 小型犬 パピー (子犬用)」

生後12カ月までの子犬用ドライフード。トイ・プードルを含む小型犬が食べやすい超小粒タイプ。

「サイエンス・ダイエット 小型犬 アダルト (成犬用)」

小型犬の1～6才ごろまでに食べさせたい、成犬用ドライフード。

「サイエンス・ダイエット 小型犬 アダルト ライト (肥満傾向の成犬用 1～6才)」

低脂肪、低カロリーな肥満気味の成犬用ドライフード。1～6才ごろまでの小型犬に。

「サイエンス・ダイエット 小型犬 シニア (高齢犬用 7才以上)」

小型犬で7才以上のシニア犬におすすめのドライフード。

食事を食べないときはどうしたらいい？

子犬は長時間食事をとらないと血糖値が下がり、けいれんを起こすことや、ひどい場合には死にいたることもあります。次の食事も食べないようなら早めに病院へ。また、嗜好性の高いおやつの味を覚えて主食を食べない場合は、黙って下げ、あきらめるまでドッグフードを出しましょう。

ウエットフード

水分含有量 75%以上の缶詰、パウチなどのフード。食感や味がよく嗜好性が高いが、総合栄養食ではないものも多い。副食として利用するとよい。

「サイエンス・ダイエット アダルト チキンと野菜レシピ」

小型犬用に具材を細かくしたトレイタイプの総合栄養食。嗜好性が高く、ドライフードのトッピングにしてもよい。

ドライフード、ウエットフード／Ⓢ

食べさせてはいけないものに注意

手作りごはんはあげてもOK？

犬は雑食のため、人の食べ物などは、あげれば何でも食べてしまいます。ひと昔前は、家族の残飯を犬にあげる人もいましたが、犬にとっては塩分、糖分、油分などが多すぎるという問題があります。

また、犬に安全なおいしい食事をあげたいと、手作りごはんをあげる人もいます。けれども、トイ・プードルは体が小さいため食べる量が少なく、手作りごはんだけでバランスよく栄養を摂取するのは、事実上不可能でしょう。

病気になると療法食のドライフードを与えなければならない場合

犬に食べさせてはいけないもの

特に中毒を起こすものは、間違って食べさせないように注意しましょう。

▼食べると下痢の原因になるもの

エビ、カニ、イカ、タコ、貝類

人間用の牛乳

きのこ類

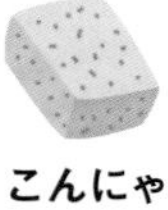

こんにゃくなど

⇒消化不良を起こしやすいのであげないほうがよい。

▼食べすぎると体によくないもの

糖分が多いもの（ケーキ、菓子など）

塩分が多いもの（ハム、ソーセージ、菓子など）

油分が多いもの（ベーコン、ハムなど）

牛肉、牛レバー

▼人間用に味つけされたもの
▼食べると中毒を起こすもの

チョコレートなどのカカオ類

⇒下痢、嘔吐、異常な興奮、けいれんなどを引き起こす。コーヒーなどカフェインを含むものもダメ。

ネギ類（タマネギ、長ネギ、ニラなど）

⇒赤血球を壊す成分が含まれるため、貧血や血尿などを引き起こす。煮汁が入っているものも避ける。

ブドウ、レーズン

⇒下痢、嘔吐、腎不全を引き起こす。

毒性の植物（ユリ科植物、スイセン、スズラン、シクラメン、ポインセチア、キョウチクトウ、ニンニクなど）

⇒中毒症状を起こすので、犬が口に入れないように注意する。

もあるため、初めからドライフードを食べさせ、慣れさせておくことが重要です。

　どうしても手作りごはんをあげたいなら、普段はドライフードをあげながら、たまに食べさせる程度にしましょう。手作りするときは、犬が食べてはいけないものに気をつけ、食材は加熱すること、味つけはしないことが大切です。

おやつは量に気をつけよう

　本来、おやつはあげなくてもいいのですが、コミュニケーションをとるときやしつけをするときには便利です。ただし、与えすぎには注意。おやつも食事の一部と考えて量を調整しましょう。1日の合計量から、おやつの分だけフードを減らすようにします。

　特に好きなおやつは、いつもあげるのではなく、しつけや、犬が注射やつめ切りなどで嫌がったときに使うと効果的です。

健康のために肥満を防ごう

肥満度をチェックしてみよう

犬も人と同じように肥満になると、合併症の発生率が高くなり、さまざまな病気を引き起こす要因となります。そうなる前に、肥満の予防を心がけましょう。

犬の肥満度をチェックする方法として、ボディ・コンディション・スコア（BCS）が使われています。犬の外見と、触ってみて肋骨に触れるかどうかが判断基準になります。BCSが4もしくは5の場合は、ダイエットの必要性について獣医師に相談を。太り具合を調べて、標準体重をキープしてあげましょう。

ボディ・コンディション・スコア（BCS）

1	やせすぎ		皮下脂肪がなく、肋骨や腰骨が浮き出ている状態。横から見ると腹部のへこみが深く、上から見ると極端な砂時計のような体型。
2	やせぎみ		ごく薄い脂肪に覆われているが、肋骨に簡単に触れる状態。横から見ると腹部にへこみがあり、上から見ると砂時計のような体型。
3	理想体重	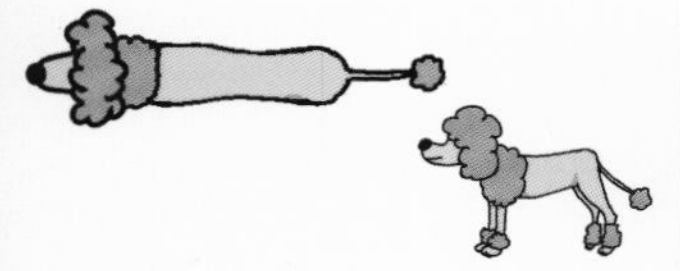	薄い脂肪に覆われ、肋骨に触れば確認することができる。横から見ると腹部にへこみがあり、上から見ると腰が適度にくびれている。
4	やや肥満	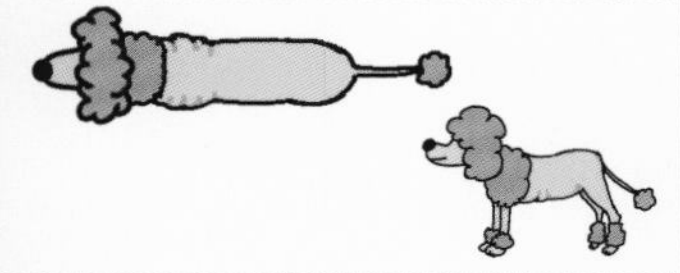	脂肪に覆われ、肋骨に触るのが難しい。横から見た腹部のへこみや上から見た腰のくびれはほとんどなく、背中の面が少し広く見える。
5	肥満	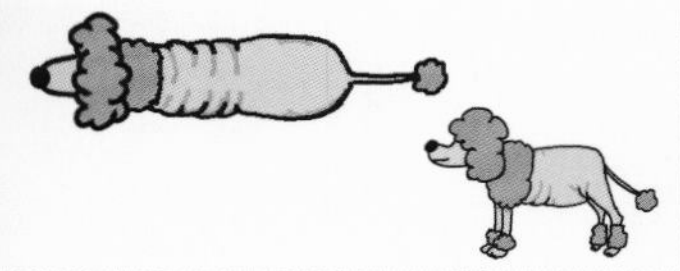	厚い脂肪に覆われ、肋骨に触るのが非常に難しい。腹部はたれ下がり、上から見た腰のくびれはなく、背中の面は顕著に広がっている。

参考資料：日本ヒルズ・コルゲート

こんなふうに成長したよ！

トイ・プードルの生後２カ月から１才までの体重の記録を紹介します。あなたの子犬の成長の参考にしてください。

メス Rちゃん

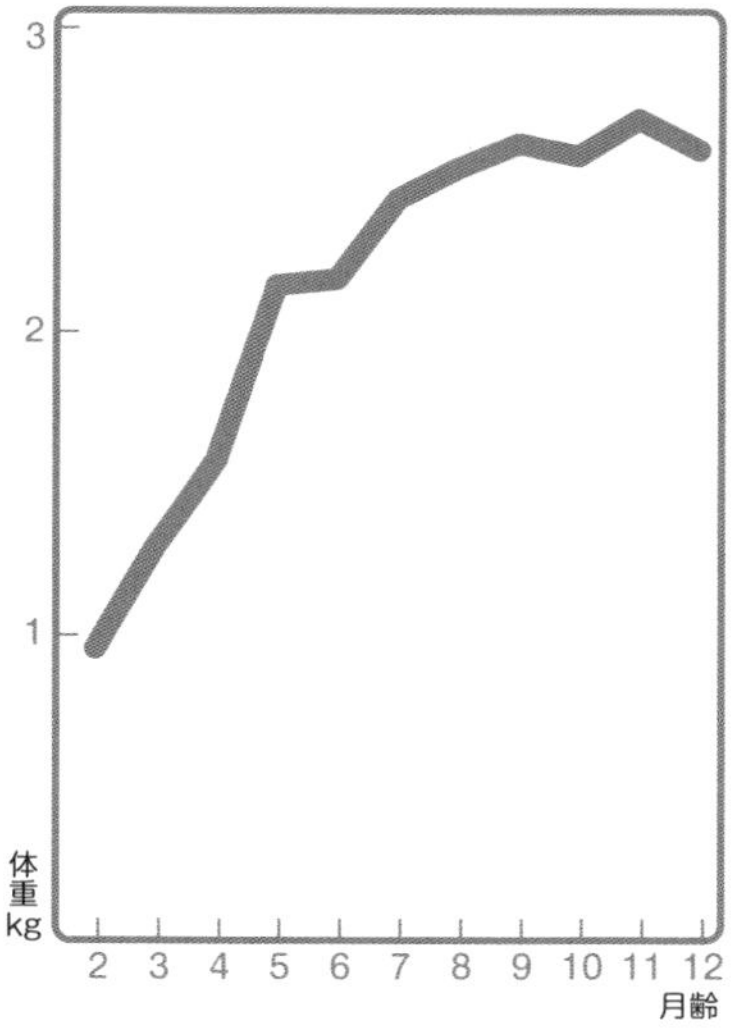

オス Dくん

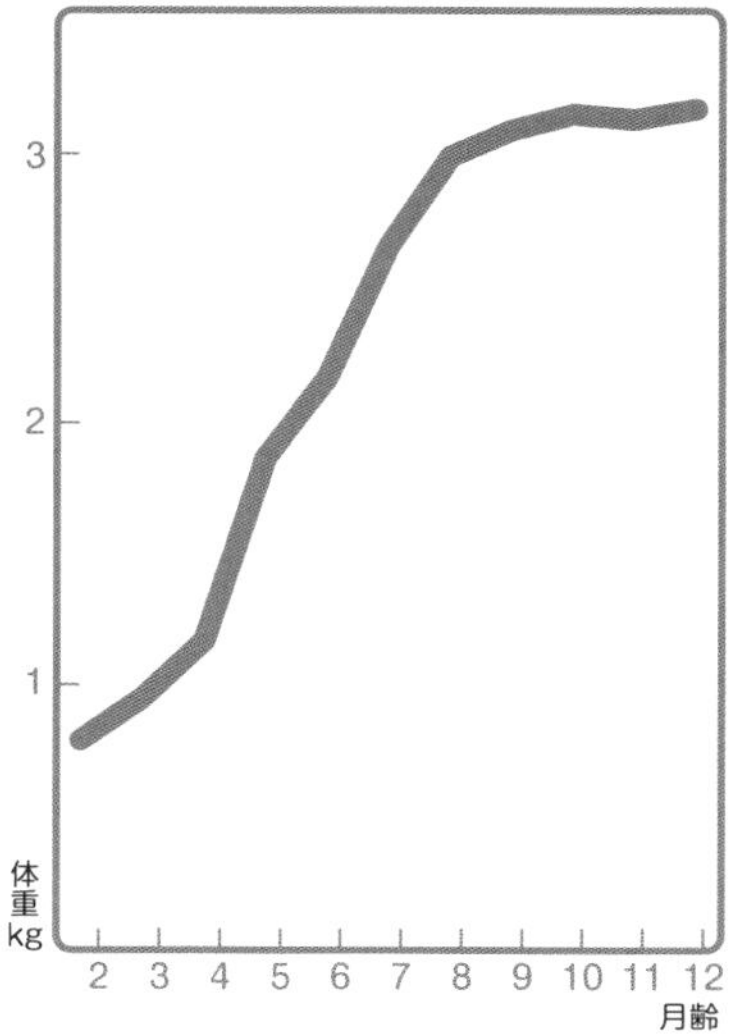

オス Rくん

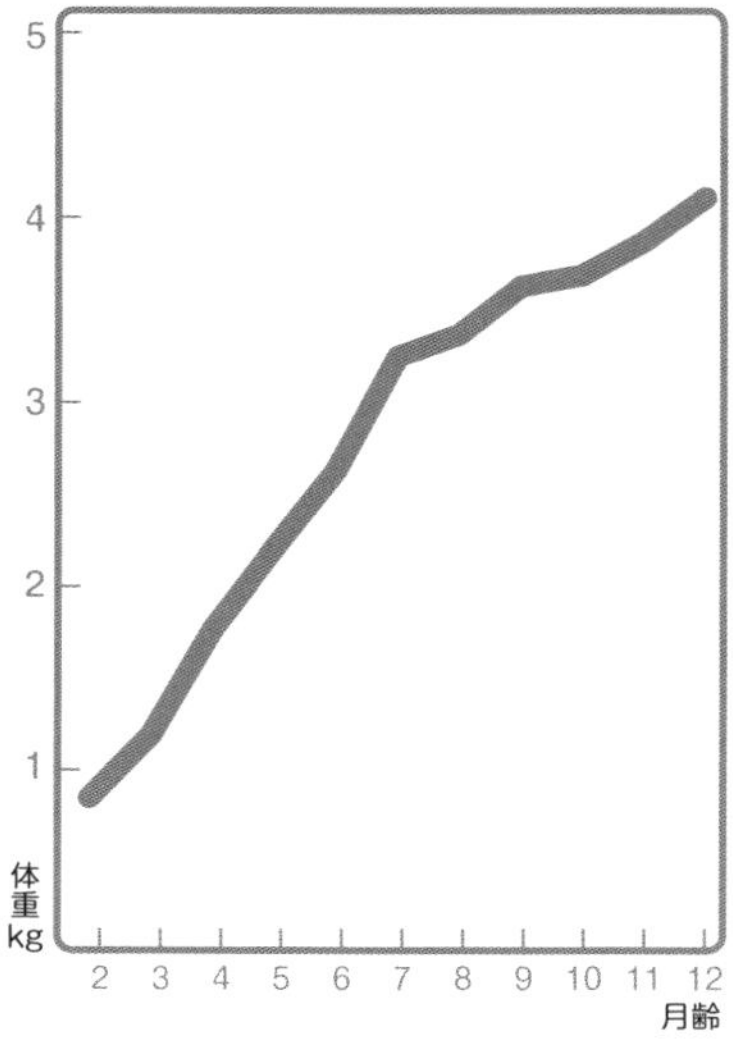

「いつもと違う」に気づくことが大事

体調の変化を見つけたら受診して

自分で不調を訴えることのできない犬の健康管理は、飼い主の大切な仕事です。

「いつもより食欲がない」「今日はあまり遊びたがらない」など、普段と違う点がないかどうか気をつけてあげましょう。元気な犬は見た目もきれいで、イキイキとしているものです。いつもコミュニケーションをとっていれば、ちょっとした変化でもわかるでしょう。

体調の変化に気づいたら、なるべく設備と技術の整った病院へ行くようにしましょう。体の各部については、次ページにあげた項目が健康チェックのポイントになります。

こんなときは早めに病院に連れていこう

食欲や排泄の状態、行動など様子を見て、次のようなときは受診が必要です。

体をかいてばかりいるとき

普段から体をかくことはありますが、しつこくかき続けるときは毛が抜ける、赤みや湿疹があるなどの異常がないかチェックして。皮膚の状態に異常があれば病院へ。

下痢をしたとき

ちょっとした下痢を1回くらいしても、元気で食欲があり、すぐによくなるようなら大丈夫ですが、下痢が何度か続いたり、食欲や元気がないときは病院へ。

排泄物に血が混じっているとき

おしっこやうんちに血が混じっているときは、病気が疑われます。また、おしっこが出ない、逆に量や回数が急に増えたという場合も早急に病院へ。頻繁に水を飲むようになっているときも、病気の場合があります。

食べたものを吐いたとき

食べた直後に未消化のものを吐いた場合は、食べすぎやはずみで吐いただけの場合も。様子を見て普段どおりにしているなら大丈夫です。何度も吐いたり、食べて消化された液体を吐いたりしたら、病気の疑いがあります。異物を飲み込んだときも、何度も吐くことがあります。よだれがずっと出たり、吐きそうで吐けないときも、病院へ連れていきましょう。

呼吸が苦しそうなとき

走った直後や暑いときの「ハアー」とは違い、呼吸が苦しそうになっていたら緊急を要します。すぐに病院へ連れていきましょう。

こんな症状がないかチェック!

鼻
- 鼻水が多い
- 鼻水の色が濃い
- しきりと鼻をなめている

目
- 目やにや涙が多い
- 充血している
- 目をしょぼしょぼさせている
- 黒目が白っぽい

耳
- 耳あかが多い
- 変なにおいがする
- 頻繁に耳をかいたり頭を振ったりする

口
- 口臭がする
- よだれが多い
- 歯ぐきが腫れている

肛門・生殖器
- 肛門のまわりがひどく汚れている
- 頻繁に床におしりをこすりつける
- 肛門や陰部、睾丸が腫れている

被毛・皮膚
- 普段よりもひどくかいている
- 被毛にツヤがない
- 脱毛している
- 湿疹やかぶれがある

足
- 足をひきずるなど、歩き方がいつもと違っておかしい

知っておきたい緊急時の対処法

いざというときの応急処置のしかた

病気やけが、事故にあったときは、できるだけ早く設備と技術の整った病院に連れていくことがベストです。ただ、その場で自分でできる対処法もあるので、いざというときに適切な処置ができるよう、知っておくとよいでしょう。

case_1

熱中症

真夏の散歩や閉めきった部屋や車内など、暑い場所では熱中症に注意しましょう。気温だけでなく、湿度も関係するので、暑そうにしていたら、風通しをよくしたり、エアコンで室内の温度や湿度を調節します。保冷剤を首に巻いて冷やすグッズや冷感マットなどを使って熱中症を予防するのもおすすめです。

熱中症になった場合は、すぐに涼しくて風通しのよい場所で休ませ、体を冷やします。水を飲ませ、体に水をかけたり、濡れたタオルで冷やすなどして病院へ。

case_2

誤飲

異物を口に入れてしまったときは、すぐに口を開けさせ、指を入れて取り出します。飲み込んでしまった場合は数時間で腸まで届いてしまうので、早めに病院へ連れていきましょう。

犬が何かをくわえたときに「ダメ!」などと大声を出すと、はずみで飲み込んでしまうことが多いものです。そんなときは驚かせないようにして、おやつをばらまくなど気を引いて、くわえたものを出させるようにします。

case_6

骨折

高いイスなどから飛びおりるなど、ちょっとしたことで骨折する場合があります。骨折すると、とても痛がって患部をなかなか触らせないため、添え木などで固定するのは難しいでしょう。なるべく患部を触らず、また動かさないように、病院に連れていきます。

case_7

出血

軽い出血は、ガーゼなどをあてて押さえれば、止血することができます。止血した状態で病院へ連れていって。
つめ切りで深づめして出血した場合は、小麦粉を詰めると止血剤代わりになって血が止まります。深づめした場合、出血が止まれば、病院へ行かなくても大丈夫です（p.115参照）。

case_3

高熱

熱の度合いにもよりますが、明らかな高熱の場合は、体を冷やして病院へ連れていきます。脇の下、内股などにタオルで包んだ保冷剤などをあて冷やします。

case_4

やけど

やけどさせてしまったときは、すぐに患部を冷やすことが重要。すぐに流水で冷やして保冷剤などを患部にあてて、病院へ連れていきます。

case_5

嘔吐

けいれんを起こしたり、意識がないときに嘔吐した場合は、のどに吐いたものが詰まって危険な場合があります。頭を下側にしてトントンと軽くたたいて吐かせてから、もとの体勢に戻してすぐに病院へ。

動物病院選びと受診時の注意

動物病院を決めておこう

犬の健康を守るために、かかりつけの動物病院を決めておきましょう。通いやすいところで、設備と技術が整った動物病院を選ぶこと。予防接種や健康診断などで定期的に通っていれば、いざというときも安心です。

子犬を家に迎える前に、口コミやインターネットなどで情報収集をし、診療日や24時間救急対応をしているかどうかもチェックしておきます。

具合が悪そうなときは、できるだけ早めに病院でみてもらうようにします。病院内では感染やトラブルを避けるため、ほかの犬や動物と接触させないこと。待合室では歩かせたりせずに、キャリーバッグなどに入れたまま床に置くか、犬が安心できるように抱っこしているといいでしょう。

食欲や排泄、症状などの伝え方

「いつ頃から、どのように具合が悪くなったのか」をきちんと伝えるために、メモして持っていくのがいいでしょう。ごはんの時間と食べた量、排泄の状態や量、嘔吐したのならその時間などを、獣医師にくわしく伝えます。

下痢をしている場合は、便検査が必要となりますが、直腸に便が

病院選びのポイント

- 設備と技術が整っている。
- 病気や治療法についてはもちろん、飼い方、食事、しつけなどについても、きちんと指導してくれる。
- 必要な検査や予防接種などについてくわしく説明し、行ってくれる。
- 病院内が清潔に保たれ、犬や猫の異臭やアンモニア臭などがしない。
- 病院内がきちんと整理整頓されている。
- 入院室の犬や猫の様子を常にスタッフが観察している。

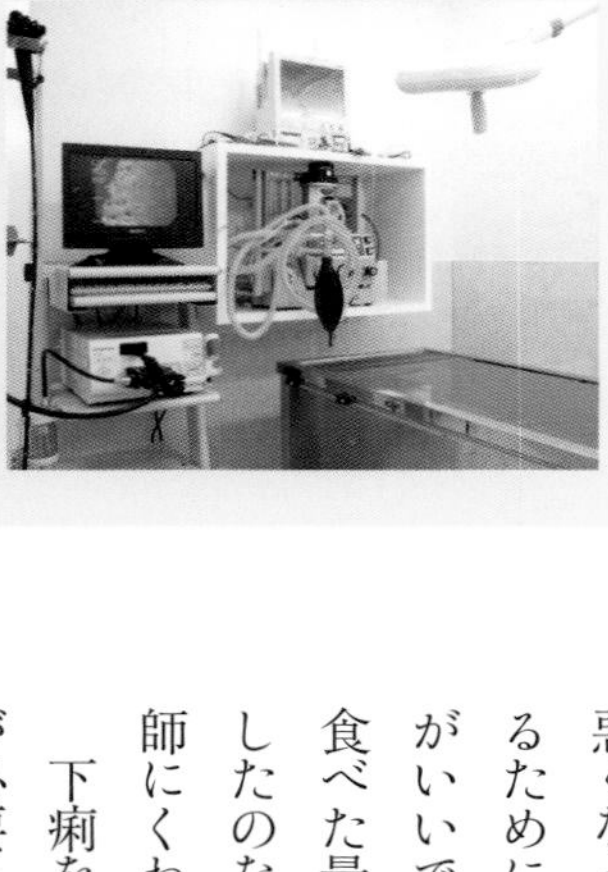

なく、その場で採便できないこともあるので、可能なら、なるべく新しい便を持っていくようにします。嘔吐した場合も、吐いたものを写真に撮っていくと説明しやすくなります。

異物を飲み込んだときは、どんなものを飲んだのか、同じものがあれば持参するといいでしょう。ワクチン接種についても、いつどのようなものを受けたかを、答えられるようにしておきます。

診察台に乗せられると、犬が緊張しておびえることもあります。触ってあげる、声をかけてあげるなど、落ち着けるようにやさしくフォローしてあげましょう。

POINT

セカンドオピニオン、サードオピニオンを求めよう

日本では、最初にかかったところや、家から近いところがかかりつけの動物病院となりやすく、その病院の設備や技術、方針を考えずに獣医師に全面的に従うというケースがよくみられます。

普段からみてもらっているので、飼い犬のことをよく知っているかかりつけの獣医師は心強い存在です。しかし、病気やけがの種類によってはその獣医師では対応できないこともあります。

特に、難しい病気にかかったときなどは、治療の選択肢がいくつか出てくるケースもあります。

動物病院は自由診療のため、診察料金や薬代などが病院によって異なります。さらに、病院の設備や技術によって、受けられる検査や治療が違います。

ほかの病院にセカンドオピニオン、さらにはサードオピニオンを求めることも、場合によっては必要となってきます。

かかりつけの獣医師と相談したうえで別の病院を紹介してもらい、犬のために納得できる方法を選ぶとよいでしょう。

ワクチン接種で感染症を予防

感染症から犬を守る予防接種を必ず受ける

犬の狂犬病予防注射は年1回の接種が法律で義務づけられています。狂犬病は犬だけでなく人にも感染し、発症すれば人を含めすべての動物が死亡する病気です。また、法律で義務づけられていなくても、犬の命と健康を守るのに非常に大切な混合ワクチンがあります。混合ワクチンは、犬にとって最も死亡率の高い感染症をまとめて予防します。

生まれたばかりの子犬は母犬の母乳からもらった免疫がありますが、生後6週ごろから免疫が低下してきます。子犬の免疫が切れる

ワクチンで予防できる感染症

ほかの犬に病気をうつさないためにも、予防接種は必ず受けよう。

狂犬病

【感染経路】
狂犬病ウイルスに感染した動物にかまれることで感染します。近年、海外で感染犬にかまれた日本人が、帰国後に発症、死亡する事例があり、その恐ろしさが再認識されています。海外で見知らぬ犬に触ってはいけません。

【症状】
唾液中のウイルスが末梢神経に侵入し、最終的には脳や脊髄に到達して神経症状を起こします。症状が起きると、かみつくなど凶暴化する犬も。最後にはまひ状態になり、水を飲んだり食べ物を食べたりできなくなり、衰弱して死にいたります。

【ワクチン接種の時期】
生後91日以上の犬には、年に1回の狂犬病予防接種が法律で義務づけられています。

前にワクチンを接種することが重要です。混合ワクチンの種類や接種時期については、獣医師と相談して接種プログラムを作ってもらいましょう。

また、近年、さまざまなウイルスや細菌を強力に不活性化・除菌できるミストや液状の製品が市販されています。ウイルスや細菌による感染症対策に、それらの製品を使う手段も。感染症対策を徹底し、感染した場合もほかの犬にうつさないことが大切です。

ウイルス・細菌の強力な除菌に

バイオウィルクリア／Ⓖ　イレイザーミスト／Ⓛ

液状、ミスト状の除菌剤。

混合ワクチン対象の感染症

5種

1. 犬ジステンパー
2. 犬伝染性肝炎（犬アデノウイルス1型感染症）
3. 犬伝染性咽頭気管支炎（犬アデノウイルス2型感染症）
4. 犬パラインフルエンザ
5. 犬パルボウイルス感染症

↑ 追加される感染症ワクチン

基本の5種に加えて、コロナウイルスやレプトスピラ（2〜5種）のワクチンが入ってるものがあります。

混合ワクチンの組み合わせは5〜10種あります。一概にワクチンの数が多いほうがよいというわけではありません。しかし、ドッグランやドッグカフェへ連れていったり、犬といっしょに旅行したりする機会が多ければ、感染症にかかる可能性が高くなります。ライフスタイルや地域の発生状況などを考慮して獣医師と相談し、種類や接種時期のプログラムを作ってもらいましょう。

【ワクチン接種の時期】

生後2〜3カ月半の間に、1カ月おきに2、3回接種します。以後、毎年追加接種します。ただし、ペットショップやブリーダーのもとで何種のワクチンを何回接種ずみかの確認を。初回のワクチンを2カ月未満で打った場合は、4回の接種となることも。以後、毎年、追加接種をします。

それぞれの病気の詳細は、次のページから

混合ワクチンで防ぐ感染症の症状と治療

犬ジステンパー

【感染経路】

犬ジステンパーウイルスに感染した犬の鼻水、唾液、尿の飛沫や接触による感染。

【症状】

発熱、食欲不振、目やに、鼻水などの症状が見られ、やがて咳などの呼吸器症状や下痢・嘔吐などの消化器症状もあらわれてきます。病気がさらに進行すると、ウイルスが脳や脊髄（中枢神経）に炎症を起こしてウイルス性脳炎を発症し、けいれんやふるえ、まひなどの症状が見られるようになり、死にいたることもあります。命が助かった場合も、重い後遺症が残るケースが見られます。また、犬ジステンパーのひとつの症状として、肉球の角質化（ハードパッド）が見られる場合も。

【治療】

ウイルス自体を攻撃する治療、つまり原因に対する根本的な治療法はありません。栄養や水分の補給を行い、対症療法が行われます。これは、ほかのウイルス感染症も同様です。根本治療がないからこそ、病気にかからないよう予防を徹底すること！　それによって、感染した犬が苦しい思いをしたり、よその犬にうつして大変な目にあわせることを回避できるのです。

犬伝染性肝炎

犬アデノウイルス1型感染症

【感染経路】

犬アデノウイルス1型に感染した犬の排泄物から経口、経鼻感染。

【症状】

高熱、嘔吐、下痢などが起こり、肝臓の位置（腹部の中央あたり）を押されると痛がり、触られるのを嫌がります。重症になると虚脱状態となって、突然死するケースもあります。ただし、症状があまり見られないものや、鼻水と発熱ぐらいの軽いものなど症状に幅があります。また、病気の回復期には、一時的に角膜混濁（目が白く濁る）が見られることがあります。

【治療】

犬ジステンパーやそのほかのウイルス感染症と同様、対症療法が行われます。

犬パラインフルエンザ

【感染経路】

犬パラインフルエンザウイルスに感染した犬の咳、くしゃみ、唾液、鼻水、排泄物などの経口、経鼻感染。

【症状】

発作のような激しい咳が出ます。症状は比較的軽く、死にいたることは少ないものの、ほかのウイルスや細菌と混合感染することが多く、回復後もしばらく咳が残ることがあります。

【治療】

犬ジステンパーやそのほかのウイルス感染症と同様、対症療法が行われます。細菌の混合感染に対しては、広い範囲に効果のある抗生物質も使われます。

犬伝染性咽頭気管支炎

犬アデノウイルス２型感染症

【感染経路】

犬アデノウイルス２型に感染した犬の飛沫、接触感染、経口、経鼻感染。

【症状】

発熱や短く乾いた咳が見られ、重度になると肺炎を引き起こすことも。ほかのウイルスや細菌と混合感染すると、症状が重くなり、死亡率が高くなります。

【治療】

犬ジステンパーやそのほかのウイルス感染症と同様、対症療法が行われます。細菌の混合感染に対しては、広い範囲に効果のある抗生物質も使われます。

犬パルボウイルス感染症

【感染経路】

犬パルボウイルスに感染した犬の排泄物から経口、経鼻感染。

【症状】

成犬も含めて離乳期以降の犬がかかる「腸炎型」と、生後3～9週の幼犬がかかる「心筋型」があります。「腸炎型」は激しい下痢、嘔吐を繰り返します。下痢は水様便で悪臭があり、血便になることも。急激な白血球の減少や貧血を起こし、重症の場合は急死してしまうこともあります。「心筋型」は幼犬が突然、虚脱や呼吸困難を起こし、急死することがあります。

【治療】

犬ジステンパーやそのほかのウイルス感染症と同様、対症療法が行われます。

フィラリア症について

「フィラリア」は寄生虫の一種。この寄生虫によるフィラリア症は、進行すれば命にかかわります。日本中どこでも、また、室内でも感染のリスクがあります。しかし、予防薬でほぼ100パーセント防ぐことができるため、予防を徹底しましょう！

【感染経路】

感染した犬の血を吸った蚊にさされることで、フィラリアの幼虫が体内に入り、成長して肺に寄生し、特に心臓と肺、腎臓や肝臓などへも障害を起こします。

【症状】

咳、息切れなどの呼吸器症状のほか、重症になると失神や腹水（おなかに水がたまる）などが見られる場合もあります。大きな寄生虫なので、小型犬が感染すると重症化するケースがよくあります。治療には、外科手術でフィラリアを除去したり、フィラリアを駆除する薬が使われます。

【予防】

飲み薬、注射、背中にたらすタイプ（スポットタイプ）などの予防薬があります。地域によって異なりますが、予防薬の投薬期間は蚊が発生し始める4月から、蚊がいなくなる月の翌月の12月までです。通年の予防も可能です。休薬後の投薬再開時には、感染が起こっていないかどうか調べる検査が必要になります。薬の種類や期間については獣医師と相談し、投与前には必要な検査を受けましょう。

犬コロナウイルス感染症

【感染経路】

犬コロナウイルスに感染した犬の排泄物から経口、経鼻感染。

【症状】

食欲不振、嘔吐、下痢を起こします。犬パルボウイルスと混合感染を起こすことが多く、その場合は死亡率が高くなります。

【治療】

犬ジステンパーやそのほかのウイルス感染症と同様、対症療法が行われます。

犬レプトスピラ感染症

【感染経路】

レプトスピラ菌に感染したドブネズミなどの尿、あるいは尿に汚染された水や土壌との接触、経口感染。人にも感染する人獣共通感染症です。

【症状】

レプトスピラ菌にはさまざまな種類があり、多くは感染しても症状の出ない不顕性型です。症状があらわれるものには出血型と黄疸型があり、出血型は高熱、嘔吐、血便、結膜の充血などをもたらし、最悪の場合は尿毒症を起こして死亡することも。黄疸型は黄疸、嘔吐、下痢のほか出血症状もあり、出血型よりも症状が重く、発病から数日で死亡にいたる場合も。

【治療】

抗生物質の投与と、対症療法が行われます。

COLUMN

ワクチン接種
必ず知っておきたいポイント

接種にあたっての注意点

1 **健康でないと接種できないので、体調に気をつける。**
また、健康かどうかわからない犬との接触は避ける。
▶ 健康とわかっている犬との接触は、社会化（p.62参照）のために大切。

2 **接種当日はよく様子を見る。普段と違った様子が見られたら、**
動物病院に連絡する。
▶ 万一、副反応があったとき、その日のうちに病院へ行けるよう、
なるべく午前中に接種を。

3 **ワクチン接種当日は安静に過ごし、**
接種後2〜3日は激しい運動やシャンプーは避ける。

4 **子犬のワクチン接種が完了するまでは、地面を歩く散歩は避ける。**
▶ しかし、社会化のため大切な時期でもあるため、
キャリーバッグなどで連れ出し、外の環境にも慣れさせる。

5 **妊娠しているときには、接種しない。**
▶ 妊娠していない平素の健康なときに、予防できる病気の
ワクチン接種を必要分、すべて終わらせておくこと。
それによって、免疫力の強いよい母乳に恵まれる。

接種後の副反応に気をつける

ワクチン接種後に顔が腫れたり、下痢をしたり、注射部位を痛がったりすることがあります。まれに、じんましん、呼吸困難、意識障害などを伴う激しいアレルギー症状（アナフィラキシーショック）を起こすこともあるので、おかしいと感じたら必ず、すみやかに動物病院に連れていきましょう。副反応が出るタイミングは接種直後から数時間後までさまざまです。まる1日元気に過ごせたら、安心して大丈夫です。

接種の証明書をもらう

ペットホテルなどでは、利用にワクチンの接種を条件としているところが多くあります。通常、ワクチン接種を受けると獣医師が証明書を発行してくれるので、大切に保管しましょう。

トイ・プードルがかかりやすい病気

いつもと違うときは受診をしよう

日頃から犬の様子をよく見て、普段の様子を把握しておきましょう。そうすると、普段はしない行動やそぶりを見せて「いつもと違う」状態になったとき、すぐに気づいてあげられます。食欲がない、元気がないなどのはっきりした不調を見せる場合は、「いつもと違う」程度ではない、よくない状態と考えられます。

下痢は受診理由に多い症状。便に血が混じったり、嘔吐もしているときは、すぐに病院へ連れていきましょう。嘔吐が何度も続く、嘔吐物に血が混ざる場合も病院へ行くようにして。

子犬については、低血糖症も要注意です。体内の糖分濃度が下がりすぎたときに起き、発症すると体に力が入らず、ぐったりして見えたり、全身性のけいれん発作を起こす場合もあります。環境の変化やストレス、空腹時や消化器の異常によるもので、ブドウ糖や糖分を与えて看護します。

症状が何であれ、いつもと違うことに気がついたら、必ず「病気ではないか」と疑って、急いで病院へ行くようにしましょう。

骨折をしないように環境を整えて

トイ・プードルは、とても活発で元気いっぱいに動きまわります。その半面、骨折や膝蓋骨脱臼など骨や関節のトラブルが多い犬種です。高いところから落ちたり、フローリングの床ですべってころんだりしないよう、環境を整えてあげましょう。

骨折以外でも、遺伝的によくみられる病気やたれ耳のためにかかりやすい耳の病気にも気をつけてあげたいものです。必ず病気になるということではありませんが、どんな病気にかかりやすいのかを知っておくと、予防や早期発見に役立ちます。

ケンネルコフ

【症状】

「コフ」は咳のこと。ウイルスや細菌に感染して引き起こされる気管支炎で、乾いた咳が出て発熱をするなど、人間の風邪と同じような症状が続きます。病状が悪化すると呼吸困難に陥ることもあります。


【治療】

細菌感染の場合は抗生物質を投与します。咳がつらそうなときは、鎮咳剤などで症状を緩和させます。幼犬やシニア犬では衰弱死につながることもあるため、予防ワクチンの接種が有効です。病気にかからないよう予防を徹底することで、感染して犬が苦しい思いをしたり、よその犬にうつして大変な目にあわせることを回避できるのです。

また、さまざまなウイルスや細菌を不活性化・除菌できるものを、感染対策に使う手段もあります。

呼吸器の病気

気《き》管《かん》虚《きょ》脱《だつ》

【症状】

筒状の気管（特に気管軟骨）がつぶれて扁平化し、激しい咳が出たり、呼吸がしづらくなったりします。呼吸音が大きくなり、ガーガー、ヒューヒュー苦しげになるのが特徴です。


【治療】

興奮は禁物なので、まずは鎮静剤を与え、気管拡張剤や抗炎症剤などを使って呼吸しやすくします。症状が進まないように、軟骨強化剤（グルコサミン、コンドロイチンなどの良質のサプリ）を与え、良化しない場合（少なくとも1カ月やってみて改善しない場合）は、熟練した外科医に手術をしてもらいましょう。また、手術費用はかかりますが、気管内救命として、ステント（血管や管状の組織に入れてその管の内腔を保つ装置）や気管外治療として、プロテーゼを使う治療法があります。

しかし、遺伝的な病気のため、いずれの方法をとっても、救命はできても根治できるわけではありません。

治療後は再発しないように日常生活での注意も必要です。高温多湿でつらそうに呼吸をしていたら、エアコンなどで環境を整えてあげましょう。気管周囲に脂肪がつかないように肥満対策も必要です。首輪は気管を圧迫するため、胴輪を使いましょう。

泌尿器・肛門の病気

腎不全《じんふぜん》

【症状】

腎臓の働きが低下して、老廃物が十分に排出されずに体内に蓄積します。そのまま進行すると全身的な尿毒症を引き起こし、死にいたります。急性腎不全が悪化すると、尿毒症の程度に応じて元気がなくなり、食欲不振、吐き気や嘔吐などの症状があらわれます。病状が徐々に進行する慢性腎不全の場合はあまり症状があらわれません。

【治療】

急性腎不全の場合は特に、すぐに病院に連れていくことが重要です。感染症などが原因ならば、その治療を行い、尿量を増やす薬を与えます。重い電解質異常＊、脱水症状が起こっているので、点滴で水分補給をし、透析をする場合もあります。慢性の場合は塩分、リンを控えた特別療法食で進行を遅らせます。

＊ナトリウムやカリウム、リンといった電解質は、腎臓の働きでバランスを保っています。腎臓に異常があってこのバランスがくずれ、正常値を逸脱した状態が「電解質異常」です

肛門嚢炎《こうもんのうえん》

【症状】

肛門の両側（4時と8時の方向）には「肛門嚢《こうもんのう》」という独特のにおいのする分泌液をためておく袋状の部分があります。排便のときに分泌液も出してマーキングをするのです。この分泌液がうまく排出できず、化膿する病気が肛門嚢炎です。たまりすぎると袋状の部分（嚢）が破れ、まわりの組織に炎症を起こすことがあります。痛みや不快感でおしりを床にこすりつけたり、排便しにくくて痛がったりします。

【治療】

化膿している場合は膿を出して、炎症がおさまるのを待ちます。ただ、ほとんどの場合が慢性化し、嚢が破れて周囲の組織に炎症を起こすため、ただちに嚢を取り出す処置が必要です。ぜひ、この手術に慣れた獣医師にしてもらいましょう。シャンプーをするときは、たまっている分泌液を定期的に絞り出し（p.107「肛門嚢絞り」参照）、分泌液がたまらないように注意しましょう。

膀胱炎《ぼうこうえん》・尿道炎《にょうどうえん》

【症状】

細菌感染や、結石や腫瘍ができて膀胱や尿道の粘膜が傷つき炎症を起こします。尿をためるところに炎症を起こすのが膀胱炎、尿を排泄する管の部分に炎症を起こすのが尿道炎です。排尿が困難になったり、排尿時に痛みが出たり、血尿が出る場合や発熱することもあります。

【治療】

遺伝的に問題があると起こりやすいため、まずは精密検査を行います。尿検査やX線検査などで原因をつきとめ、細菌感染の場合は抗生物質や抗菌剤などの投与で治療します。特に、造影精密検査（造影剤を投与して行う、より精密なX線検査）が安全にできる病院で受診するといいでしょう。結石が原因の場合は、外科手術することもあります。

不妊・去勢で防げる病気もある

成年期からシニア期を通して起こる生殖器の病気は、ホルモン分泌の異常と大きく関係しています。生後2～4カ月の早期に去勢・不妊手術を行うと、それらの病気のほとんどを予防することができます（p.158参照）。

オスよりもメスのほうが、子宮蓄膿症や乳がんなど、命に直結する病気が発症しやすいので、繁殖をさせない場合は早期（2～4カ月）に不妊手術をしてあげるといいでしょう。費用は高くなりますが、今日では腹腔鏡手術により、傷が小さく痛みも少ないので傷の回復も極めて早くなっています。

オスの場合も去勢することで、前立腺肥大、細菌性前立腺炎、肛門周囲の腫瘍、さらには精巣腫瘍などの予防効果が期待できます。

骨・関節の病気

レッグペルテス

【症状】

遺伝性の病気です。大腿骨の根元（太ももの骨の骨盤と連結している部分）の血管が若齢期に異常を起こし、血流が悪くなって骨頭が変形したり、壊死を起こしたりする病気です。生後4カ月から1才以下によく見られます。遺伝性の病気だと考えられています。後ろ足をひきずるように歩き、股関節部分に触れられるのを嫌がります。

【治療】

X線やCTなどの検査で診断します。軽症だからといって鎮痛薬などで様子を見てしまうと、足を痛みで使わないために、関連筋肉が萎縮し（やせて）、股関節の変形がひどくなります。病気自体の進行は止まらないため、最終的には大腿骨の先端部分を切除する手術が必要になります。術後は普通に歩けるようになりますが、長期のリハビリが必要になることを念頭において。

環軸椎《かんじくつい》亜《あ》脱臼《だっきゅう》・不《ふ》安定症《あんていしょう》

【症状】

頸椎（犬もキリンも象も馬も7つの骨で形成される）の第1頸椎（環軸）と第2頸椎（軸椎）の関節部分を環軸椎といいます。不安定症はこの部分が弱いために不安定になることで、亜脱臼や脱臼が起こり、中を通っている脊髄にダメージを起こす病気です。ずれが起こると脊髄の神経が傷つき、首を動かすことを嫌がる、抱き上げるといった体勢を変える動きでキャンと痛がる声をあげるなどの症状を見せます。ときには歩行異常が起こり、ひどくなると四肢がまひするだけではなく、呼吸ができなくなることで急死することもあります。

【治療】

X線やCTなどの検査で原因を特定します。診断がつきしだい、関節を固定する手術をすることになります。

骨折

【症状】

抱いているときに暴れてかたい床に落ちる、ドアにはさまれるなど、ちょっとしたことでも骨折は起こります。骨折したところは腫れて熱を持ちます。

【治療】

できるだけ動かさないようにして、すぐに病院へ連れていきます。治療は不完全骨折では外固定で、完全骨折ではほとんどの場合は金属プレートによる手術で患部を固定します。

膝蓋骨脱臼《しつがいこつたっきゅう》

【症状】

遺伝的な病気です。ひざの関節上にあるお皿と呼ばれる骨（膝蓋骨）がずれることをいいます。ほとんどの場合、膝蓋骨がずれることでは痛みは起こりませんが、それによって膝関節が不安定になり膝の靭帯を痛めやすくなり、ときには靭帯の断裂を引き起こすこともあります。犬は、この病気になると足をひきずったり、痛がったりします。軽症の場合、症状が出ないこともあります。

【治療】

この病気が疑われる場合には、早期診断、早期手術が大切です。触診による検査、X線、CT検査などで重症度合い（グレード）を明らかにし、それに合った外科手術を行うことになります。日常生活ではひざに負担がかからないよう肥満に気をつけ、床をすべらないようにする、段差を工夫するなど、環境づくりも重要です。

椎間板ヘルニア

【症状】

椎間板は椎骨と椎骨の間でクッションの役割をする軟骨で、背骨間に加わる衝撃をやわらげています。ヘルニアは椎間板が変性し、椎間板内部の「核」と呼ばれる部分が突出することで脊髄や神経根を圧迫し、突然、背中の痛みのせいであまり動けなくなったり、前足や後ろ足が部分的なまひを引き起こし、ふらつく、立てなくなるなどの状態になる病気です。ダックスフンドが遺伝的に最もなりやすいのですが、トイ・プードルやほかの犬種にも起こるので注意が必要です。2〜6才ごろに多く発症します。

【治療】

まず、全身麻酔で精密なポジショニングがとれるようにしてから、主にCT検査（またはX線撮影）で精密検査を行うことが必要です。場合によっては脊髄《せきずい》を圧迫している椎間板病変を取り除く手術を行います。術後はリハビリで筋肉と神経の回復をはかります。脊髄へのダメージの程度と術後の回復見込みは大きく関係するので、早期の精密検査が特に大切です。原因と病変が明らかになったら、ただちに緊急手術が必要になります。痛みがひどい場合、または後ろ足や前足が部分まひの場合、または完全まひ（かえって痛みがない）の場合は、この手術に慣れた専門医がいて設備が整っている病院で、手術を受けましょう。

子宮蓄膿症《しきゅうちくのうしょう》

【症状】

メスの発情後に起きやすい病気です。子宮内へ細菌が入ることから起こります。膿が外陰部から出る「開放性」と、膿がまったく出ない「閉塞性」があります。いずれの場合も水を多く飲み、尿の量が増えるのが特徴。悪化すると嘔吐や脱水症状を起こし、さらには、腹膜炎を起こして死にいたります。

【治療】

早期に不妊手術をすることで予防できます。発症してしまった場合は、ただちに手術で卵巣、子宮を切除します。また、手術前・手術中・手術後に、抗生物質の投与を行います。

生殖器の病気

乳腺炎

【症状】

そもそも、乳腺とは乳汁を作って乳頭まで運ぶ腺です。乳腺炎は授乳期に多く、乳頭が幼犬の歯などで傷つき、そこから細菌が入ったり、乳汁が乳腺にたまって流れなくなったりすること（鬱滞《うったい》）で、炎症を起こしやすくなります。炎症が起こると乳腺が腫れて熱を持ち、痛みがあるために、触られるのを嫌がります。膿がたまって、発熱する場合もあります。また、黄みがかったどろっとした乳汁が出るケースも。

【治療】

細菌感染の初期の場合は抗生物質を投与します。すでに膿がたまっている場合は、ただちに外科手術が必要になることがあります。鬱滞による場合は保冷剤などで患部を冷やし、抗炎症剤を投与し、炎症をやわらげます。

膿《のう》皮《ひ》症《しょう》

【症状】

ブドウ球菌などの細菌が皮膚に感染して起こる皮膚病です。感染した部分の皮膚にポツポツとした湿疹ができたり、赤くなったりします。この湿疹の中には膿がたまっていて、かゆみが強いため、かきこわすことがあるので、早めに対処してあげましょう。口や目のまわり、足のつけ根、内股、指の間に出やすい病気です。

【治療】

患部の毛を刈り、薬用シャンプーで体を洗い、抗生物質やコルチコステロイド剤のぬり薬や飲み薬で治療します。不衛生な環境だと再発しやすいので、清潔な環境を維持してください。また、免疫力の低下で感染することもあるので、特にシニア犬は注意が必要です。通常、抗生物質がよく効きますが、すでに膿がたまっている場合はすぐに手術で膿を排出することが大切です。

皮膚の病気

マラセチア皮膚炎

【症状】

口や耳、肛門周辺に常在するかびの一種（酵母菌）、マラセチアが原因で外耳炎や皮膚炎を引き起こします（最も多いのは耳の病気）。悪化させないよう、早く根治させることが大切です。かゆみを伴うため、外耳炎になると耳をかいたり、頭を振ったりすることも。皮膚炎は、脇や股、首のあたりに発症しやすく、患部は赤くなり、脂っぽいふけのようなものが出ることもあります。

【治療】

外耳炎の場合は抗真菌剤の入った点耳薬を使います。皮膚炎は、抗真菌剤が入っているシャンプー、マイクロバブルシャンプーで皮膚を洗って様子を見ます。それでも治らない場合は、経口薬を処方してもらう必要があります。

目の病気

白内障《はくないしょう》

【症状】

物を見るときに焦点を調節する水晶体が白く濁ってきて、視力が低下する病気です。進行すると、最終的に失明することもあります。最も多いものとして、生後数カ月〜数年で発症する「若年性白内障」があり、まれに、先天的なもので生まれつき水晶体が濁っている「先天性白内障」があります。後天的な要因としては、加齢によって水晶体が濁ってくる「老年性白内障」が代表的ですが、糖尿病による代謝異常や、目のけがが原因となることもあります。視力障害が起こるため、物にぶつかる、段差につまずく、散歩に行きたがらなくなる、体に触れられると驚く、といった様子が見られます。

【治療】

早めに検査を受け、網膜の異常を伴わないものは、すぐに外科手術（白内障手術）を受けることが重要になります。視力障害がひどい場合は精密な検査を行ったうえで、手術を行うか検討します。手術を決定した場合は、水晶体を摘出して眼内レンズを挿入する外科的療法が行われることになります。ただ、この療法は手術費用がかかり、特殊な機器が必要です。そのため、その機器があり、手術に慣れた専門医のいる病院を探すことが重要になります。また、すでに網膜が萎縮してしまっている場合は、効果がありません。手術前に獣医師とよく話し合い、回復の可能性や度合い、手術代を確認しておきましょう。

COLUMN

目の病気早わかりチェック〜こんなときは病院へ

目の病気はさまざまです。判断が遅れると失明にいたる場合もあります。
以下のことに気がついたら、獣医師に相談してみましょう。

- □ 結膜が赤い（赤目）
- □ 左右の色が違う…普段と違っているとき
- □ 目やにがひどい
- □ 涙があふれる
- □ 目をしょぼしょぼさせる…目をあけられず、前足でかくようなしぐさがあるとき
- □ 異常にまぶしがる…まぶしい光でもないのに必要以上にまぶしがるとき
- □ まぶたをさわると痛がる…ふれただけで痛がるとき
- □ 歩くとき物にぶつかる…障害物をよけられないとき
- □ 日中、瞳が白、赤、青などに見える…普段と違っているとき、左右の色が違うとき
- □ 瞳の大きさが違う…以前は同じだったのに違いが見られたとき

流《りゅう》涙《るい》症《しょう》

【症状】

目を潤している涙は、目と鼻をつなぐ鼻涙管で鼻に抜けていきますが、その管が詰まったり（鼻涙管狭窄）、目の病気になったりすると、涙があふれ、目のまわりの被毛が赤褐色に変色するのが流涙症で、一般に「涙やけ」ともいわれています。つまり、「涙やけ」は目の病気です。必ず専門医に原因を確かめてもらいましょう。

【治療】

鼻涙管の詰まりを取る、角膜炎や結膜炎にかかっている場合は目薬や内服薬を使うなど、原因に合った治療をします。普段は、目や目のまわりに炎症が起こらないように、コットンで涙をそっと拭き取り、ケアしましょう。

角膜炎

【症状】

角膜表面が傷ついて炎症を起こし、痛みから目をしょぼしょぼさせ、まばたきや涙が多くなったり、目やにが出たりします。また、目をこすったり、顔を床にこすりつけたりすることでさらに悪化することが多いので、早く獣医師にみてもらいましょう。症状が進むと目が充血し、瞳が白く濁ってきます。目のまわりの毛が眼球に当たったり、けんかで傷つけたりすることが原因となるほか、感染症によるものもあります。ほうっておくと急性の角膜潰瘍（角膜表面だけでなく、奥まで影響が出る状態）から角膜に穴が開いたり（角膜穿孔）、全眼球炎から敗血症を起こし、急死することにもなりかねない緊急の病気です。おかしいと思ったらすぐに受診して。

【治療】

まずは原因となるものを取り除き、炎症や感染を抑える薬を点眼します。治療中は、目をこすらないよう注意が必要です。

結膜炎

【症状】

まぶたの内側が充血して赤くなり、涙や目やにが出ます。かゆみや違和感で目をこすり、目のまわりが赤く腫れて痛みが出ることもあります。目に毛や刺激物が入ったことが原因の場合や、細菌やウイルス感染のほか、アレルギーやドライアイ（乾性角結膜炎）による場合もあります。

【治療】

目に異物が入っている場合は取り除き、ウイルス感染の場合は、目だけか、全身の病気かを判断するなど、原因をつきとめ、それに合わせた治療が行われます。

歯・口腔内の病気

歯周病

【症状】

歯磨きをしないと、食べかすなどの歯垢がたまり、歯石がたまります。歯石を放置すると、細菌が繁殖し、歯ぐきに炎症を起こします(歯肉炎)。その結果、歯と歯ぐきの間にすき間ができ、歯がぐらぐらしてきたり、抜けたりします(歯周炎)。

歯周病になると、口臭がしたり、歯ぐきから出血をしたり、かむときに痛みがあるので、食欲が落ちることもあります。

【治療】

歯垢は3～5日で歯石になります。日頃から、歯ブラシやガーゼで歯を清潔にする習慣をつけましょう(p.116参照)。症状が軽いうちは、毎日歯磨きをして、口の中を清潔に保つことで改善が期待されます。しかし、症状が進んでしまった場合は、病院で全身麻酔をして歯石や歯垢を取り除く処置や、抜歯をします。

乳《にゅう》歯《し》遺《い》残《ざん》

【症状】

通常、子犬の乳歯は生後4～5カ月から永久歯に生えかわりはじめ、7カ月ごろには永久歯が生えそろいます。しかし、永久歯が生えてきても乳歯が抜けきらずに残ることがあり、これを乳歯遺残といいます。そのままにしていると、乳歯と永久歯の間に食べかすや歯石がたまり歯周病を起こしやすくなります。

【治療】

診断がつきしだい、できるだけ早く、乳歯の抜歯が必要になります。抜歯には全身麻酔が必要になりますので、必ず病院で処置してもらいましょう。

循環器の病気

僧《そう》帽《ほう》弁《べん》閉《へい》鎖《さ》不《ふ》全《ぜん》症《しょう》

【症状】

7才以上の小型犬に多い心臓病です。血液の流れをコントロールする心臓の左心房と左心室の間にある僧帽弁が、弁の変性によって働きが低下し、血液が逆流してしまいます。ひどくなるとうっ血性心不全、肺水腫、肺高血圧などの症状が見られることもあります。元気がなくなる、運動を嫌がる、咳が続くなどの症状が出ます。悪化すると呼吸困難に陥り、急死することもあります。

【治療】

血管を拡張させる薬や心臓の収縮を助ける薬、体の余分な水分を排出する利尿剤を使い、症状を改善する治療が行われます。心臓の弁膜を改善させる手術もあり、費用はかかってしまいますが、手術を受ける場合はかかりつけの獣医師に相談し、この手術に慣れた専門医を紹介してもらいましょう（p.135セカンドオピニオンの囲みも参照）。

耳の病気

外耳炎

【症状】

耳介から鼓膜までの外耳に炎症を起こす病気です。トイ・プードルは皮膚の病気になりやすく、特にアレルギー性皮膚炎が外耳炎につながる場合がよく見られます。かゆがって耳の後ろのあたりを後ろ足でかいていたら、耳の中の炎症を疑いましょう。耳から悪臭がする場合もあります。

【治療】

細菌や真菌、ダニが原因の場合もあります。また、アレルギーが原因の場合もありますので、まずは原因を特定し、原因に合わせた抗真菌剤や抗生物質などの薬を使います。耳そうじでこすりすぎたりすると、かえって耳を傷つけるので気をつけましょう。

耳を触られることを犬が嫌がる場合は、病院で全身麻酔をかけて検査を行い、必要な薬剤を使用します。近年の麻酔は安全なので、無理に押さえつけたりせず、麻酔を使用することで犬の負担も減らします。

内分泌の病気

副《ふく》腎《じん》皮《ひ》質《しつ》機《き》能《のう》亢《こう》進《しん》症《しょう》（クッシング症候群）

【症状】

副腎は腎臓のそばにある器官で、代謝や免疫、炎症抑制など、生命維持に深くかかわるホルモン（副腎皮質ホルモン）を分泌しています。このホルモンの分泌量が増加することで起こるのが副腎皮質機能亢進症です。

原因としては主に、副腎皮質をつかさどる視床下部や下垂体に異常があって起こる場合と、副腎皮質に腫瘍などの異常があって起こる場合があります。また、コルチコステロイド剤（人工の副腎皮質ホルモン）の投与によって起こるケースもあります。

症状としては、過食、水を大量に飲む、尿の量が増える、おなかがふくらみ、いわゆるビール腹のようになる、毛が抜けるなどが見られます。ほかにも、ずっと舌を出してハアハアと息をしていたり、皮膚が薄くなることもあります。免疫が低下するため、感染症や皮膚炎などにもなりやすく、糖尿病を併発することも。

【治療】

検査をし、原因が下垂体にあるか、副腎皮質にあるか、もしくはコルチコステロイド剤の投与によってなのかを確かめます。ほとんどの場合、下垂体腺腫（良性）が原因で、この場合、内服薬でのコントロールを行います。副腎腫瘍の場合には、外科手術が必要になります。

腫瘍が悪性の場合や、さらにほかの臓器に転移している場合には、予後が難しいこともあります。

皮膚疾患や普段の様子を総合して診断されることが多いのですが、最終的にホルモンの精密検査と血液検査で確定することが重要になります。

遺伝的要因で起こることがほとんどで、5才以降の発症が多いのですが、若年で起こる場合も。また、ほかの病気によって甲状腺ホルモンの分泌が阻害されて起こることも、まれにあります。

【治療】

甲状腺ホルモン剤の投与により、体内で生成できなくなった分を補充します。このホルモン剤の投与は一生必要となりますが、量が多すぎると甲状腺機能亢進症になり、悪くすると心臓疾患などを起こす危険があるので、必ず獣医師の指示を守ってください。

副腎《ふくじん》皮質《ひしつ》機能《きのう》低下症《ていかしょう》（アジソン病）

【症状】

副腎は腎臓のそばにある器官で、代謝や免疫、炎症抑制など、生命維持に深くかかわるホルモン（副腎皮質ホルモン）を分泌しています。このホルモンの分泌量が低下することで起こるのが副腎皮質機能低下症。原因としては主に、感染症・自己免疫疾患・腫瘍などで副腎皮質が破壊されることによって起こる場合と、副腎皮質をつかさどる視床下部や下垂体に異常があって起こる場合があります。また、長期間大量にステロイド剤（人工の副腎皮質ホルモン）を投与されていて、それを急にやめた場合に起こるケースもあります。

慢性と急性があり、慢性の場合、元気がない、食欲不振、下痢、嘔吐、ふるえ、体重の減少などが見られます。また、水を大量に飲む、尿の量が増えるなどの症状も見られる場合があります。外科手術のあとや、ホテルに預けられていたあとなど、強いストレスを受けたことが引き金になる場合があり、注意が必要です。急性だと、突然倒れたり、ふらついたりしてショック症状に陥り、緊急治療を行わないと命にかかわります。

【治療】

急性の場合には、生理食塩水を点滴したり、副腎皮質ホルモンを静脈注射したりします。急性から回復したあとや、慢性の場合は、不足している副腎皮質ホルモンの補充療法を生涯にわたって行う必要があります。

甲状腺《こうじょうせん》機能《きのう》低下症《ていかしょう》

【症状】

代謝を促進する甲状腺ホルモンの分泌が減り、元気がなくなって、毛づやが悪くなったり、皮膚が乾いて脱毛が目立つようになります。また、体重が増える、寝ている時間が増える、貧血になるなどの症状もあります。しかし、これらの典型的な症状が出ない場合が多いので注意が必要です。

シニアに多い病気も知っておこう

悪性腫瘍（がん）

【症状】

がんは遺伝子の突然変異によって発生し、原因としては、遺伝子を傷つけたり、免疫を下げてしまう生活習慣にあると考えられます。できる部位によって症状はさまざまですが、体表にできた場合はしこりになるので、体を触ったときに発見できることも。発症すると、しこりが大きくなる、体重が急に減る、変な咳をする、下痢や嘔吐が頻繁にある、元気がなく疲れやすいなどの様子も見られます。このような症状がそろえば、そのがんは末期ということになります。犬は7才が人間の約44才＝「がん年齢」になりますから、できれば定期的に検査をし、疑いがあれば、X線、超音波、CT、MRIなどの検査によって確かめることが大切です。時間がたつとほかの器官に転移し、発見が遅いと命にかかわるので、早期診断、早期治療が原則です。

【治療】

主なものとしては、外科療法、放射線療法、化学療法などの方法があります。外科療法は、手術でがんの部位を切除します。この方法は、ほかの器官に転移するなど進行しているがんには効果がない場合があります。そのようなときは、広範囲に放射線をあて、がん細胞を死滅させ、進行を食い止める放射線療法を行うことも。化学療法は、がん細胞にダメージを与える抗がん剤を、注射や経口で投与する方法。主に全身に広がったがんに使われます。また、免疫を強化する免疫療法や、がん再発にかかわる細胞を特定する「ステムセル療法」なども研究が進んでいます。

症状や進行具合によって選択肢が変わってくるので、治療に入る前から、獣医師としっかり相談しましょう。人間の場合と同様で、大事なのはがんをやっつけることではなく、犬の生活の質を大切にすることであり、飼い主は家族と十分に話し合うことも大切です。

寄生虫による病気から愛犬を守ろう

犬の感染症には、ノミ、マダニ、ニキビダニなどが媒介するものが多くあります。これらの外部寄生虫が犬の体につくと、かゆみや炎症を起こし、皮膚炎となったり、吸血されて貧血を起こしたりするのです。病気によっては人にもうつります。普段は室内で過ごしていても、散歩中にダニやノミがついてしまったり、人間が室内に持ち込んでしまうこともあります。寄生虫の駆虫・予防薬を使うのが効果的。市販薬では、フロントラインやレボリューション、ネクスガードなどがあります。

認《にん》知《ち》症《しょう》

【症状】

老化や脳の病気により、脳が萎縮したり、脳細胞が減少して認知症の症状を見せます。柴犬など日本犬が発症しやすい病気だといわれます。個体や環境によって違いますが、13才以上で発症しやすい病気。夜中に単調な声でほえ続ける、同じ場所をぐるぐる回る、トイレの失敗が多くなる、呼んでも反応しないなどの症状が繰り返し見られるようになります。しかし、このような症状はほかの脳疾患（特に脳腫瘍）でもよく見られるため、CTやMRIなどの検査を受け、原因を特定することが重要です。

【治療】

原因が不明なため、根本的な治療法はなく完治は望めません。ただ、脳の血流をよくする血管拡張剤、脳神経の代謝を活性化させる薬や、魚油などに含まれるEPA（エイコサペンタエン酸）、DHA（ドコサヘキサエン酸）などのサプリメントの内服で、症状が改善されることもあります。
また、飼い主のかかわり方で刺激を与えることが、進行を遅らせる助けにも。愛情を込めて話しかけたり、スキンシップを頻繁に行いましょう。また、認知症だと昼夜逆転の生活になりやすいので、規則正しい生活を送らせ、日中、太陽の光を浴びることも生活リズムを守るのに効果的です。

シニアになったら

人間と同じように、犬も年をとるといろいろな老化現象が起きてくるので、注意してあげましょう。

老化のサインをチェック

被毛

被毛のツヤが悪くなり、薄くなってくる。口や耳のまわりに白髪が出てくる。

行動

動きが鈍く、歩き方が弱々しくなる。寝ていることが多くなる。

耳

耳が遠くなり、呼んでも反応が鈍くなる。耳あかが多くなる。

目

目の水晶体が濁って白内障になり、視力が少しずつ衰える。目やにが多くなる。

口

歯石がたまりやすくなり、口臭や歯周病が出やすくなる。あごの力が弱くなる。

不妊・去勢手術、妊娠・出産

早期の不妊・去勢手術が大切と知ろう

繁殖の予定がない場合は、不妊や去勢のための手術について考えておきましょう。生後2～4カ月で不妊・去勢した場合、多くの病気の予防が期待できます。手術の時期は、早ければ早いほど、体への負担は少なくなります。近年、手術費はかかりますが、腹腔鏡手術による不妊手術も行われていて、これは切開する部分が少ないので傷の回復も極めて早く、痛みや体の負担もさらに少なくなります。麻酔の方法もさまざまですが、訓練された獣医師や看護師がいる病院で行えば安全です。

メスの発情周期

メスの発情期（ヒート）は6～10カ月周期です。
発情期のメスが出すフェロモンにオスは影響されます。
発情中のメスが近くにいなければ、オスが影響を受けることはありません。

1 発情前期（約7～9日間）

外陰部がふくらみ、出血が始まります。オスをひきつけるフェロモンを出しますが、まだ交尾は受け入れない時期。

2 発情期（約10日間）

出血が減り始めて、オスを受け入れて交尾をしようとします。出血が始まってから10～12日すると排卵が起こり、この排卵期（2～4日間）が最も妊娠しやすい時期です。

3 発情休止期（約2カ月間）

出血が完全に止まり、オスを受け入れなくなります。受精が成立した場合は、約63日間の妊娠期間に入ります。

4 無発情期（4～8カ月）

卵巣が機能しなくなり、発情していない状態に戻ります。この時期は4～8カ月間続きます。

オスの去勢

メリット

- 前立腺の病気や、精巣・肛門周辺の腫瘍、がんなどの予防
- 性的欲求によるストレスから解放され、攻撃性が軽減
- マーキングが減少

注意

- 基礎代謝が減るために、摂取カロリーを少し減らす必要がある

去勢手術

- 内容…睾丸を摘出する手術
- 入院…日帰りまたは1泊
- 抜糸…手術後1～2週間
- 時期…生後２～４カ月ごろ（性成熟を迎える前が望ましい）

メスの不妊

メリット

- 子宮の病気や乳がんなどの予防
- 発情のストレスから解放され、飼い主も生理のわずらわしさがなくなる
- 万一の場合の望まれない妊娠を避けられる

注意

- 基礎代謝が減るために、摂取カロリーを少し減らす必要がある

不妊手術

- 内容…卵巣と子宮を摘出する手術
- 入院…数日間
- 抜糸…手術後1～2週間
- 時期…生後２～４カ月ごろ（初潮を迎える前が望ましい）

妊娠と出産

生まれる子犬すべてに、責任ある飼い主が決まっていないのであれば、繁殖をさせてはいけません。信頼できるブリーダーや動物病院など、必ず専門知識をもった人に介在してもらうことが必要です。

生後２週間の子犬たち

●出産適齢期

１回目の発情でも妊娠は可能だが、心身ともに成犬となる２回目以降が理想的です。ただし、５～６才を超えると母犬の体への負担が大きくなるので、１～４才くらいがベスト。

●妊娠期間

妊娠期間は約２カ月と短く、交配日から数えて63日前後が出産予定日。妊娠30日くらいたつと、おなかがふくらんできたり食欲が増してきたりする。

●生まれる頭数

通常２～３頭くらい。まれに６～７頭生まれることもあります。30～90分おきくらいに１頭ずつ出産。

COLUMN

マナーベルトとマナーパンツ

オスは屋内でもマーキングをしてしまうことがあります。マーキングをしてほしくない場所に、どうしても行かなければならないときは、マナーベルトがあると安心。オスのマーキング防止のマナーベルトは、犬用ナプキンなどをセットして面ファスナーでとめます。ただし、犬にとっては気持ちのよいものではありません。長時間の使用は避けましょう。これはあくまでも人間の都合によるもの。してはいけない場所でマーキングをしないよう、社会性が育つ時期に、きちんとしつけをしておきましょう。

マナーパンツはメスの発情期の出血のとき、犬用ナプキンなどをセットして使います。立体型の使い捨ておむつタイプも市販されています。

パッドを装着して使うオス用のマナーベルト。おなか部分の上下にゴム入りで、体にフィットするから、ヨレ・ズレ・回転が防げます。裏は優しい肌触りのパイル素材。

マナーバンド オリジナルパターン×パイル／Ⓘ

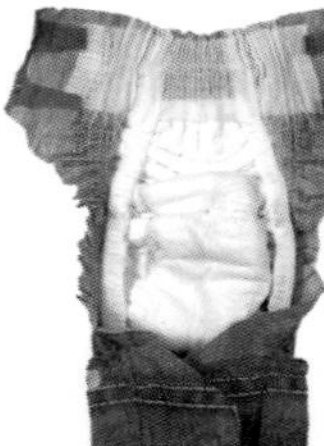

股部分がギャザーになっているのでしっかりフィットする使い捨てオムツ。しっぽを出せるようになっているので、動きを妨げません。

ジーンズ風パンツM／Ⓓ

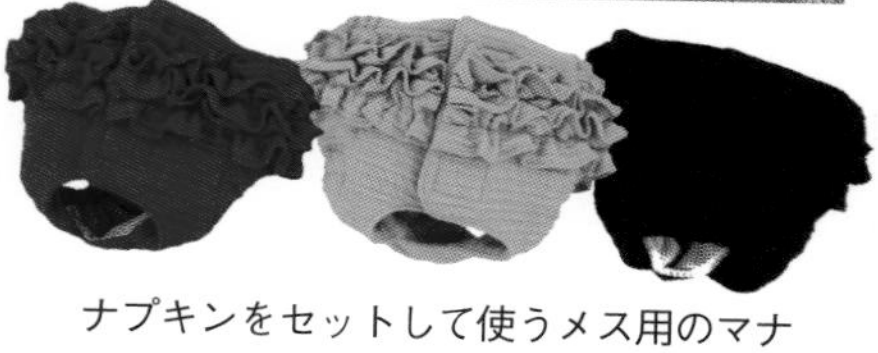

ナプキンをセットして使うメス用のマナーパンツ。おしりをしっかり包み込む立体設計で動きやすく、オムツカバーとしても活躍。表生地にははっ水加工を施し、漏れやシミを防止します。

サニタリーパンツ ボリュームフリル／Ⓘ

PART.7

困った行動の予防と対処法

Toypoodle

困った行動をさせないために

それぞれの行動の原因を見きわめ、ケースごとに対応を

飼い犬がほえたりかんだりすると、犬だけに問題があると考えられがちです。しかし、人間にとっては困る犬の行動も、犬にとっては理由があるもの。困った行動の背景にある主な理由を知っておきましょう。特に❷の社会化はとても重要なことです。子犬を飼い始めたらすぐに、社会化のトレーニングを行いましょう。

❶病気やけがのせい

まず確認が必要なのは、犬に病気やけががないか。病気やけがで痛いところがあって攻撃的になるといった場合もあります。すぐに診断してもらい、治療が必要です。

❷社会化の不足

犬は生後4カ月ごろまでが、社会化の感受性期として最も大切な時期。この時期、さまざまな人や動物、ものごとに慣れさせることが必要です。社会化が十分に行われなかった犬はよその人や動物、外の環境におびえ、余計に警戒したりするために、それが問題行動につながってしまいます。

❸生活状態が整っていない

必要な食事が与えられていない、運動不足でエネルギーが余って夜寝ないなど、生活状態が整っていないことが問題行動につながる場合も。食事や運動、睡眠や排泄など、基本的な生活を整えてあげるだけでも、行動が良化することがあります。

❹そのほか

しつけ不足、飼い主との良好でない関係やコミュニケーション不足、環境要因などさまざまです。

飼い主の手に負えない場合は専門家に指導をあおぐ

困った行動をやめさせるには、まずは犬をよく観察して原因を見きわめること。原因がわからないまま無理やり言うことを聞かせようとすると、問題行動の修正がより難しくなる場合があります。

飼い主の手に負えない場合は、動物病院で紹介してもらうなどして専門家に相談し、指導を受けながら、ケースごとに適切な対応をすることが大切です。

困った行動にはこうしてみよう

困った行動 1

とびつく

なぜ?

飼い主に遊んでほしかったり、うれしいときの犬の愛情表現のひとつです。飼い主が相手をしたり騒いだりすれば、さらに興奮して何度もとびついてくるでしょう。

こうしてみよう

犬がとびつこうとしたら、手を出さずじっと立つか、その場を離れてしまいます。とびついても何もいいことはない、とわかれば、犬もほかに気が向くので落ち着くはずです。それでもしつこくとびつくときは、「オスワリ」→「マテ」というように、とびつく動作とは同時にできないような行動を指示しましょう。

困った行動 2

いろいろな場面でほえる

犬がほえるケースは、大きく2つに分かれます。ひとつは「要求ぼえ」、もうひとつは「警戒ぼえ」です（そのほかの「ほえ」もあります）。対処法が異なるので、まずは「何ぼえ」なのか見きわめましょう。

要求ぼえのケース

なぜ?

フードをもっとほしいときや遊んでほしいときなど、それを飼い主にアピールするためにほえます。

こうしてみよう

このときに、要求に沿ってフードを与えたり、かまってあげたりすると、「ほえると飼い主が要求を聞いてくれる」と学習してしまい、ほえることが習慣化してしまいます。要求にこたえることなく、無視しましょう。

無視を続けていると「消去バースト」という、一時的にほえる行動が増えることがあります。ここであきらめずに無視を続ければ、犬は学習し、ほえる行動は減ってきます。

警戒ぼえのケース

警戒ぼえの場合、その場面が何か嫌な印象と結びついていると考えられます。ほえるのを防ぐには、嫌な印象をいい印象で上書きすることがポイントです。よくある場面別に対処法をまとめました。

❶ほかの犬にほえる

なぜ?

社会化期にほかの犬とのふれあいが少ないと、ほかの犬が近づいてきたとき恐怖を感じ、自分から離れてほしいために攻撃前の警告としてほえます。

こうしてみよう

散歩中にほかの犬にほえる場合は、好きなおやつを持っていき、ほえそうになったらフードを見せ、犬の注意を引きます。それでもほえてしまったり、おやつに見向きもしない場合は、すばやくその場を立ち去りましょう。

また、ほかの犬に慣れさせることも大切です。まず、遠くにいる犬を見せ、ほえなかったらおやつを与え少し近づく、ということを繰り返してだんだん距離を縮めていきます。このようにして、ほかの犬が自分のそばにいても大丈夫なように慣れさせていきます。

❷お客さんに向かってほえる

なぜ?

お客さんは、犬にとって見知らぬ侵入者。自分のテリトリーに入り込む恐ろしい存在なのです。

こうしてみよう

お客さんからおやつを与えてもらい、いい印象をもたせるようにします。もし、家族の協力が得られるなら、お客さんの訪問の前に犬を散歩に連れ出し、お客さんが家に入ってから戻るようにするのもひとつの手です。このように、犬のテリトリーに人が入ってくる状態より、先に人がいる状態をつくり出すようにすると、ほえないことも多いのです。

来客に興奮してほえるときは?

お客さんを侵入者と見てほえる場合もあれば、お客さんが来て喜んで興奮し、ほえる場合も。喜んでいる場合は興奮をしずめるため、「オスワリ」「マテ」などをさせて落ち着かせます。それが無理なら、お客さんの訪問前に犬を散歩に連れ出し、お客さんが家に入ってから戻るようにします。犬は、来客を迎える立場だと興奮しがちですが、「散歩から帰ったら大好きなお客さんが家にいる」という状況なら、リラックスしてお客さんに会うことができるでしょう。

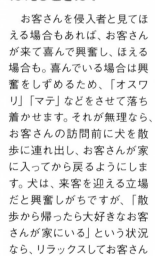

❸インターホンの音にほえる

なぜ?

犬にとってこわい侵入者であるお客さんが来るとき、必ず鳴るのがインターホン。そのため、インターホンの音に対し、犬はこわくて嫌な印象をもち、ほえてしまうのです。

こうしてみよう

インターホンが鳴ると楽しいことが起こるのだと、嫌な印象をぬぐうようにします。たとえば、飼い主が帰宅したときや、食事の合図としてインターホンを鳴らし、音に対していい印象を与えるようにします。それでもほえるのがやまない場合、インターホンの音を変えたうえで同じように行い、その音に対していい印象をもつよう学習させます。

夜中ぼえのケース

なぜ?

夜中にほえるのは、運動不足のケースがあります。日中、飼い主は仕事に出かけ、犬は一日中留守番という場合によく起こります。飼い主の留守中、犬は寝ていることが多いので、体力が余ってしまうのです。

こうしてみよう

まずは毎日たっぷり散歩をさせ、疲れて夜を迎えられるようにします。日中仕事がある飼い主は、朝と帰宅後だけでもしっかり散歩させてあげましょう。また、夜遅くに、コング（p.48参照）に入れたおやつなど、時間をかけて食べられるものを与える方法も。食べることに夢中になって時間が過ぎ、そのあと朝までぐっすり寝てくれるので、深夜にほえることはなくなります。

困った行動　3

飼い主をかむ

なぜ?

犬がかむのは、飼い主と犬が適切な関係を築けていないときや、飼い主が犬にとって無理な要求をしたとき、犬の意思に反して強引に何かをさせようとしたときです。犬は怒ったり、抵抗するためにかみつきます。そして、かむことによって、嫌なことをやめてもらえたという経験を一度すると、その後はもっとかむようになってしまいます。

こうしてみよう

犬にかみつきぐせがついてしまったときは、とにかく早めに、獣医師やトレーナーなどの専門家に相談することが必要です。

まずは、どのような場面で犬がかむのかを把握することから始めます。そのうえで、犬がかみつかないようになる接し方を、ケース別に考えていきます。たとえば、首輪をつけるときにかむという場合は、胴輪に替えてみたり、好物のフードを与えながら首輪をつけるなどの対処を行います。

飼い主を激しくかむ場合は、かまれてけがをしないよう安全確保をすること。犬を大きなサークルに入れる、室内でもリードをつけたままにする、ジェントルリーダーやエリザベスカラーをつけるなど、かまれない環境を整えましょう。

そのうえで、トレーナーの指示に従って犬が怒る必要のない生活を1カ月ほど続けてみます。すると、犬は徐々におだやかになってきます。犬が落ち着いたら飼い主とうまく生活できるよう基本のしつけを見直し、必要なものは再度訓練を行います。

困った行動 4

室内で排泄ができない

なぜ？

飼い主が、散歩＝トイレタイムと決め、日頃から外で排泄させていると、室内で排泄できなくなることがあります。特に大型犬の場合、介護が必要になったときに室内でできないと困るでしょう。

こうしてみよう

まず、外でいつも排泄しているとき、「ワンツー、ワンツー」「チッチ、チッチ」などの排泄のコマンドをかけます。最初は言葉をかけるだけでも大丈夫です。その後、ほめることを繰り返しましょう。コマンドでできるようになったら、室内でコマンドをかけ排泄を促していきましょう。または、外の排泄しやすい場所（草むらや電柱下など）にペットシーツを置き、排泄するのを待ちます。そこで犬が排泄したら、たくさんほめます。それによって、ペットシーツ＝排泄の場と学習させます。そして、家の中でもペットシーツに排泄させ、うまくいったらほめることを繰り返すと、徐々に室内でするようになるでしょう。

ただ、いきなり外でさせるのをやめると、犬は排泄を我慢するようになってしまいます。そこで、1日3回外に連れていって排泄させているなら、それを2回にして1回は室内でさせるなど、少しずつ室内で排泄する回数を増やしていきます。または、庭先→玄関の外側→玄関の中と、だんだん排泄する場所を室内に近づけていく方法もあります。

困った行動 5

マウンティングする

なぜ？

昔は、マウンティングは自分の力を誇示するために行われると考えられていました。今は、うれしいときや環境が変わったときの興奮によって犬の性的本能が刺激され、それによって引き起こされる行動だともいわれます。

こうしてみよう

興奮したときにマウンティングをするようなら、エネルギーを発散させることが大切です。たとえば、来客があったときにするなら、お客さんが来る前にたくさん散歩をして疲れさせておきます。

または、「オイデ」「マテ」など、マウンティングと同時にできない行動をさせるように指示を出すのも手です。ただ、これには日頃から飼い主に従うよう、しつけをしておくことが必要です。

困った行動 6

リードを引っ張る

なぜ？

飼い主より外の環境のほうが魅力的で、先へと進みたいのです。また、犬には引っ張られると引っ張り返す「走性《そうせい》」という習性があります。そのため、飼い主がリードを自分の側に引っ張っていると、犬も逆側に引っ張り返し、結果的に前にグイグイ進んでしまう場合も。

こうしてみよう

犬がリードを引っ張ったときは、一度立ち止まりましょう。引っ張るのをやめたら再度、歩きだします。これを繰り返すうちに、飼い主のほうを意識しながら歩くようになり、結果的にリードの引っ張りが弱くなります。「ツイテ」（p.90参照）を参考に、飼い主について歩く練習もしっかりしましょう。

困った行動 7

呼んでも来ない

なぜ？

室内で呼んでも来ないのは、「オイデ」（p.76参照）の練習不足でしょう。外で来ない場合は、周囲のものに興味が広がり、飼い主に意識が向かないためです。室内で「オイデ」ができても、外に出て環境が変わるとできないことはよくあります。

こうしてみよう

室内で呼んで来ないときは、「オイデ」が確実にできるまで、練習を繰り返してください。

外で呼んでも来ない場合は、まず、静かで人のいない公園などに行き、ごく短い距離から「オイデ」の練習を始めます。飼い主との距離を少しずつのばしていき、うまくできるようになったら、今度は人の多いところで「オイデ」ができるようにしていきましょう。ただ、外では突発的な事故に備え、常にリードを離さずに練習することが大切です。

困った行動 8

トイレ以外の場所で排泄する

なぜ？

トイレトレーニングの不足が考えられます。また、ペットシーツと似た材質の床材などを、トイレと間違えている可能性も。そのほか、ペットホテルから戻ったあとや、病院から退院したあとなどは、急にトイレでできなくなることも。あまりに頻繁にトイレ以外の場所でするときは、膀胱炎などの病気が原因とも考えられます。

こうしてみよう

トイレトレーニング（p.44参照）をしっかりやり直すことが必要です。トイレの場所を増やし、ペットシーツを広めに敷いて、その場所でできたらほめます。ペットシーツと間違えそうな材質の床材は、取り去っておきましょう。

ペットホテルなどでは、ペットシーツを敷かず床などにそのまま排泄させるところもあります。その場合、家に戻ってからも床で排泄する習慣が残ってしまう場合があります。ペットホテルに預けるときには排泄環境を確認のうえ、必要な場合はペットシーツを持参し、その上でさせるようお願いしましょう。急にトイレ以外でする回数が増えた場合は、念のため受診すると安心です。

困った行動 9

自分のうんちを食べる

なぜ？

これは「食フン」と呼ばれる行動で、ひまつぶし、好奇心、栄養不足などのほか、飼い主との接触が少ない、社会化の不足、うんちを食べれば人が注目してくれてうれしい、うんちにドッグフードのにおいが残っているなど、さまざまな原因説があります。

犬のうんちには、寄生虫の卵や伝染病の病原菌が入っていることもあるので、見つけたらすぐにうんちを始末しましょう。

こうしてみよう

うんちをしたら、すぐに片づけることが鉄則です。うんちを食べているのを見たときに騒ぐと、犬はとられると思ってあわてて食べてしまうことがあるので、静かに片づけましょう。また、うんちに嫌なにおいつきスプレーをかけたり、うんちが苦くなる市販のサプリメントを与える方法もあります。

困った行動 10

ごみ箱をあさる

なぜ？

好奇心からごみ箱をあさり、中からおいしいものやおもしろいものが出てきた、という体験が今までにあったのでしょう。ごみ箱をあさると、危険なものを食べてしまう可能性があるのでやめさせましょう。

こうしてみよう

ごみ箱をあさるのは、留守番中など主に犬だけで過ごしているとき。ごみ箱はふたつきのものにするか、ごみ箱自体を犬の手の届かない場所に置くなど、あさらせないですむ環境を工夫しましょう。

犬だけで過ごさせるときには、楽しいおもちゃや時間をかけて食べられるおやつなど、ごみ箱よりも魅力的なものを事前に用意してあげることも忘れずに！

困った行動 11

ほかの犬と仲よくできない

なぜ？

社会化の時期にほかの犬とふれあう機会が少ないと、ほかの犬が苦手なまま育ってしまうことがあります。また、ほかの犬を気にしやすいタイプだと、成犬になってからほかの犬が近づいたとき、攻撃的な態度を見せることがあります。

こうしてみよう

外でほかの犬とすれ違うトレーニング（p.92参照）をしましょう。それができたら、次はほかの犬と近づくトレーニングをします。最初は犬同士離れたところから始め、少し近づけたらおやつを与え、また少し近づけたらおやつ……ということを繰り返し、ほかの犬をいい印象と結びつけます。数日かけて、徐々に距離を縮めていきます。

また、近寄っても大丈夫な犬がいるなら、その犬と飼い主に協力してもらいます。大丈夫な犬と、苦手な犬にいっしょにいてもらい、そこへ近づくようにすると、苦手な犬だけがいる場合より、スムーズにいくことが多いでしょう。

書き込み式 お世話ノート

どんなふうに過ごすのかがわかると安心

はじめて子犬を飼うときは、なるべくそばにいて1日の過ごし方を観察してみましょう。まだパピーのうちは、ちょっと遊んでは寝ての繰り返しで、思いのほか、睡眠時間が長いと感じるかもしれません。何日か観察していると、その子なりの生活パターンやくせのようなものがわかってくると思います。ごはんを何時にどれくらい食べたのか、排泄の様子はどうなのかなど、メモをすることで普段の様子がわかり、「いつもと違う、具合が悪いのかもしれない」ということにすぐに気づいてあげられるかもしれません。

記入例

7月　1日（木）	
5	起床
6	ごはん 15g
7	うんち
8	寝る
9	
10	ごはん 15g
11	
12	
13	ごはん 15g
14	寝る
15	ごはん 15g
16	
17	ぐっすり眠る
18	
19	
20	ごはん 15g
21	うんち
22	
23	寝る　父帰宅
24	

・ドッグフード幼犬用 1.6kg 購入
・ごはんちょっとずつ残す
・うんちがちょっとやわらかい

最初のうちはごはんの量も記入
育ちざかりの子犬には、食事がとても重要。1日にトータルでどのくらいの量を食べているか、チェックしてみましょう。

遊ぶ、寝る、排泄したなど気づいたことを記入
便秘をしていないか、下痢が続いていないかなど、普段から便の状態をチェック。そのほか、その時間に何をしたかなど、気づいたことを記入しておきます。

日記がわりのメモスペース
購入したドッグフードやペットシーツが何日もつかわかるので、記録しておくと便利。日記がわりに。

月　日（　）	月　日（　）	月　日（　）
5	5	5
6	6	6
7	7	7
8	8	8
9	9	9
10	10	10
11	11	11
12	12	12
13	13	13
14	14	14
15	15	15
16	16	16
17	17	17
18	18	18
19	19	19
20	20	20
21	21	21
22	22	22
23	23	23
24	24	24

ワールドクラスの動物病院

ダクタリ動物病院

本書を監修していただいたダクタリ動物病院は、東京・白金に最先端の医療技術を備えた医療センターが２０１２年に開院しました。「動物にも人にもやさしい」、この病院をご紹介します！

（写真はすべてダクタリ動物病院　東京医療センター）

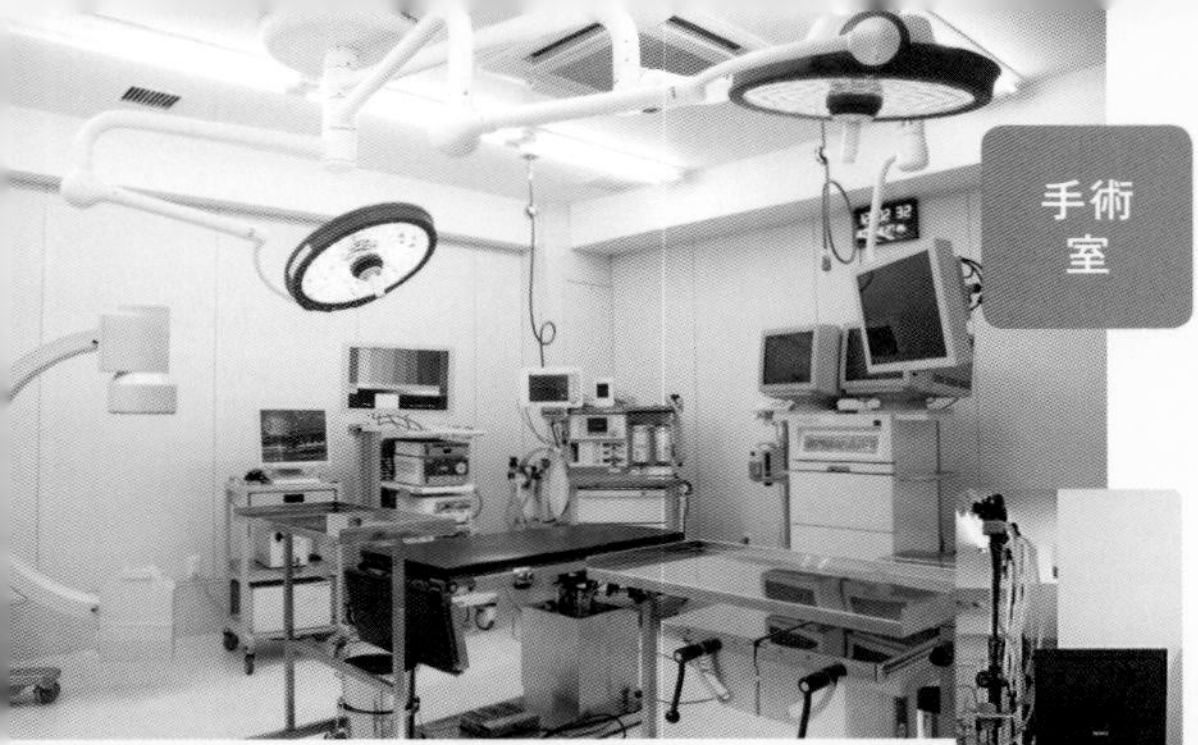

手術室

心身にやさしい胸腹腔鏡手術も行っています。また、消化管内視鏡により、食道・胃・十二指腸および直腸・結腸・回腸終末の粘膜を肉眼で確認でき、食道や胃の中の異物を手術せずに取り除くことが可能。ガラス越しに手術の見学もできます。

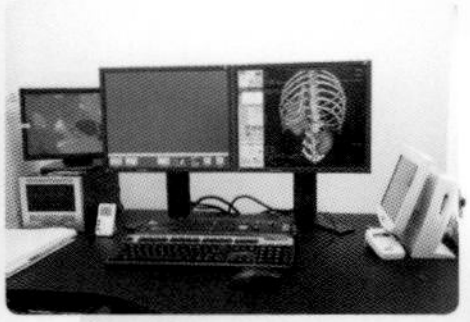

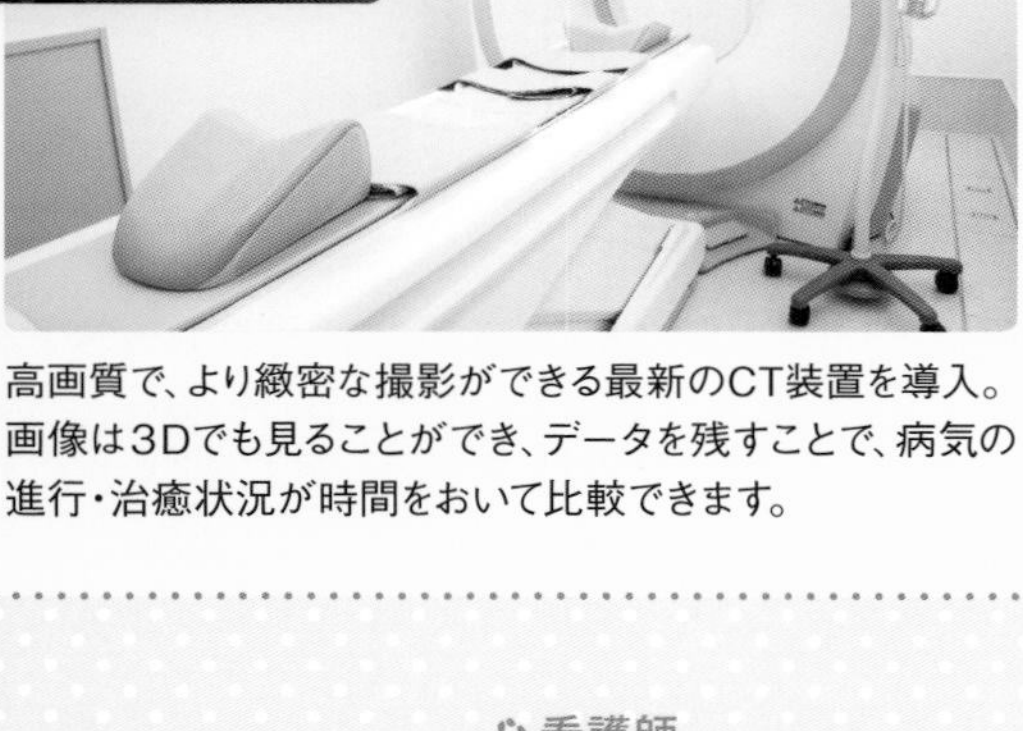

CT室

高画質で、より緻密な撮影ができる最新のCT装置を導入。画像は3Dでも見ることができ、データを残すことで、病気の進行・治癒状況が時間をおいて比較できます。

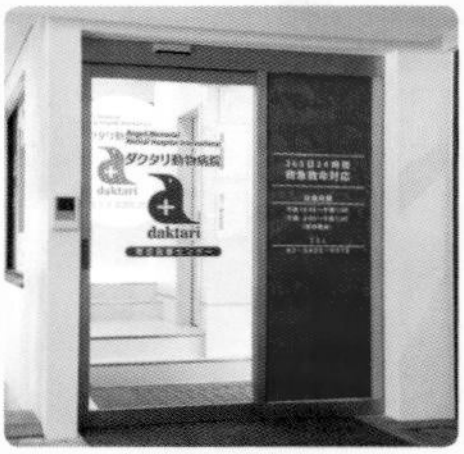

看護師

斉藤美佳
さん

AHA認定動物技術師1級／認定動物技術師。専門学校ルネサンス・ペットアカデミー卒業。2009年より、ダクタリ動物病院に勤務。アメリカの動物行動学に基づく、犬のしつけトレーニング法を学び、数多くのパピークラスを開催。2010年より、トイ・プードルのパートナー“美羽”といっしょに老人ホームや学校を訪れる動物介在（ボランティア）活動も積極的に行っている。

獣医師

野内正太
先生

ダクタリ動物病院　東京医療センター院長。日本獣医生命科学大学獣医学部獣医学科卒業後、2000年より、ダクタリ動物病院に勤務。日本動物病院協会（JAHA）外科認定医。犬をはじめとする動物と飼い主に寄り添った医療を心がける。幼少期から高校時代まで、合計6頭の犬と暮らした経験を持ち、現在も愛犬と暮らすほどの犬好き。

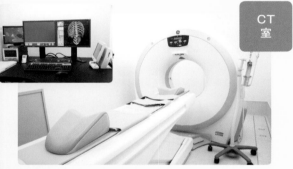

レントゲン室

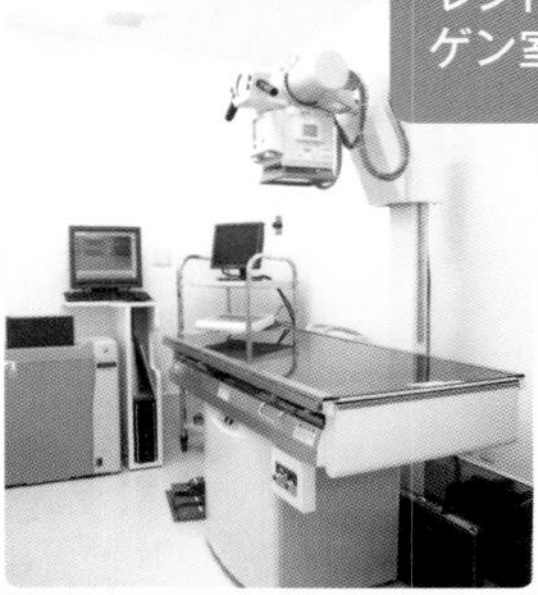

最高グレードのX線装置を導入。診察室のモニターで画像を即座に見ることができます。

超音波検査室

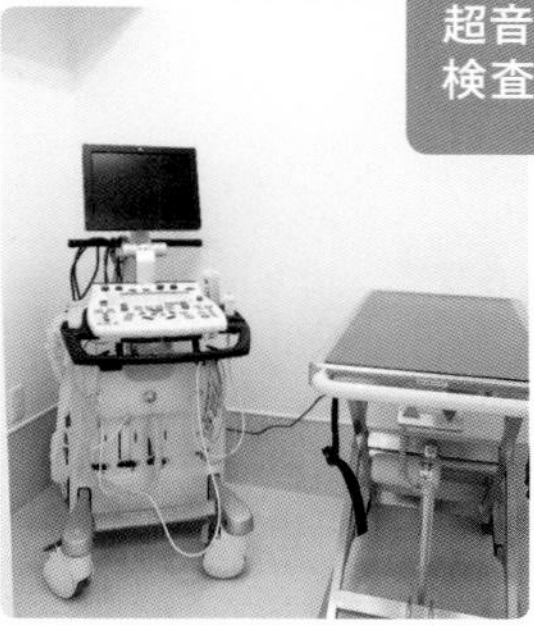

高性能超音波検査装置を導入。超音波の静止画像、動画のデータを診察室のモニターで即座に見ることができます。

診察室

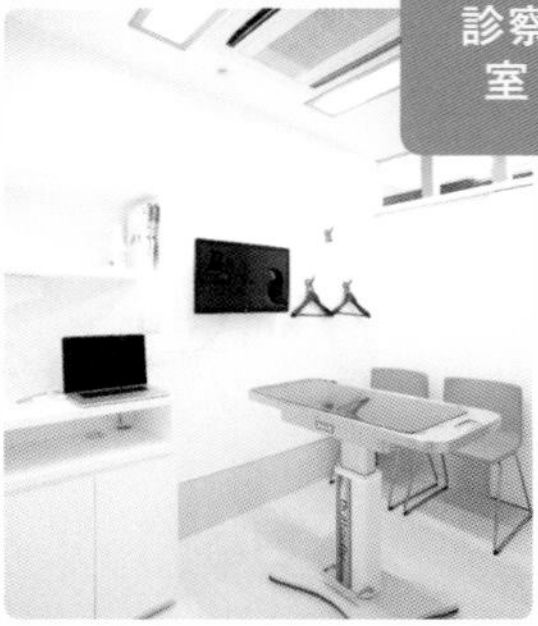

電子カルテや各種検査画像を、診察室のモニターで見ることが可能。個室なので、犬も落ち着いて診察が受けられます。

グルーミング室

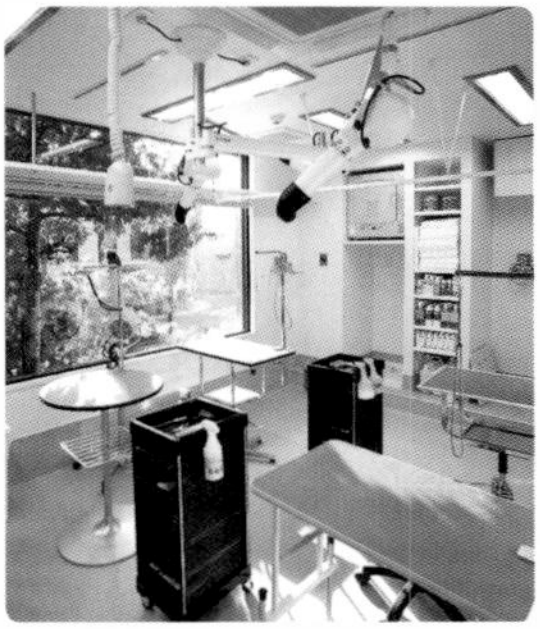

極小な泡で毛穴の奥まで洗い、健康な肌とふわふわな毛を保てるマイクロバブルや薬浴も利用可能。多様なシャンプーの中から、犬の皮膚の状態に合ったものを選べます。

処置室

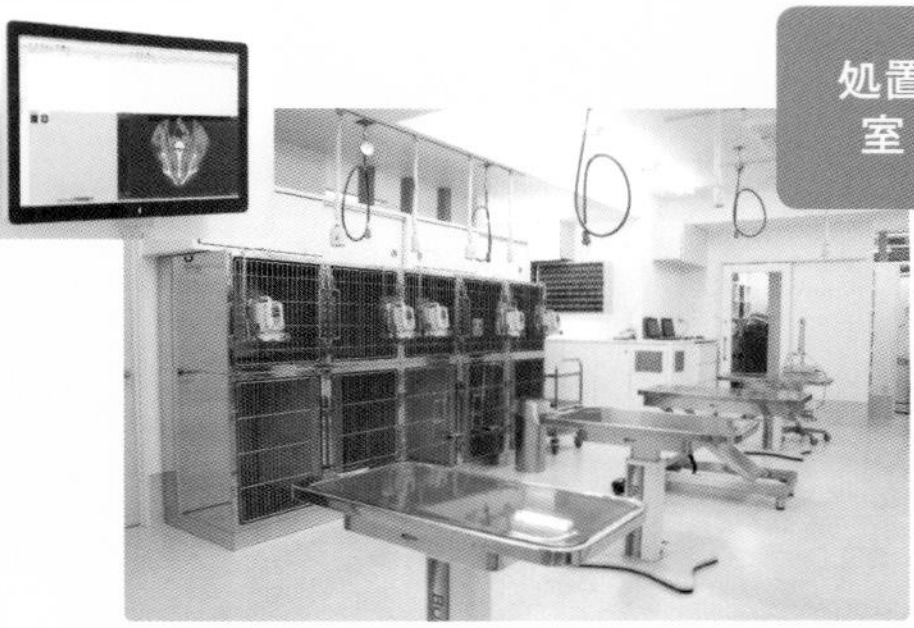

診察室同様、CT画像やX線画像、超音波画像などを、壁面のディスプレイで見ることができます。血液などの検査データは自動で電子カルテに取り込まれます。

●ダクタリ動物病院
東京医療センター
東京都港区白金台5-14-1
白金台アパートメント2F
☎03-5420-0012

●ダクタリ動物病院 久我山
東京都杉並区久我山3-7-27
☎03-3334-3536

●ダクタリ動物病院 代々木
東京都渋谷区富ヶ谷1-30-22
MAPLE WOOD 11 bld. 1F
☎03-5452-3060
http://www.daktari.gr.jp

ダクタリ動物病院は、東京都内に3病院あります。

ダクタリ動物病院のスタッフ犬・美羽ちゃん

トリマー

中央動物専門学校・愛犬美容科卒業後、2009年より、ダクタリ動物病院に勤務。犬、猫の体調を一番に考え、皮膚の状態や被毛の質やくせなどをしっかりと確かめ、その子に適したシャンプー選びや、病気の早期発見を心がけている。

関谷はるか さん

Staff
取材・文／小沢明子、濱田恵理
装丁／ナラエイコデザイン
本文デザイン／フリッパーズ
撮影／近藤誠
中津昌彦（giraffe）
三富和幸（DNP メディア・アート）
鈴木江実子
イラスト／chizuru、なかのたかし
校正／安倍健一
編集担当／池上利宗（主婦の友社）

トイ・プードルの
気持《きも》ちと飼《か》い方《かた》がわかる本《ほん》

2021年6月30日　第1刷発行

編　者／主婦の友社
発行者／平野健一
発行所／株式会社主婦の友社　〒141-0021　東京都品川区上大崎3-1-1　目黒セントラルスクエア
☎03-5280-7537（編集）　☎03-5280-7551（販売）
印刷所／大日本印刷株式会社

© Shufunotomo Co., Ltd.2021 Printed in Japan
ISBN978-4-07-448210-8

🄁本書を無断で複写複製（電子化を含む）することは、著作権法上の例外を除き、禁じられています。本書をコピーされる場合は、事前に公益社団法人日本複製権センター（JRRC）の許諾を受けてください。

また本書を代行業者等の第三者に依頼してスキャンやデジタル化することは、たとえ個人や家庭内での利用であっても一切認められておりません。

JRRC〈 https://jrrc.or.jp　eメール：jrrc_info@jrrc.or.jp　☎03-6809-1281 〉

■本書の内容に関するお問い合わせ、また、印刷・製本など製造上の不良がございましたら、主婦の友社（☎03-5280-7537）にご連絡ください。
ただし、医療面などの専門的な内容にはお答えできません。
■主婦の友社が発行する書籍・ムックのご注文は、お近くの書店か主婦の友社コールセンター（☎0120-916-892）まで。
*お問い合わせ受付時間　月～金（祝日を除く）　9:30～17:30
主婦の友社ホームページ　https://shufunotomo.co.jp/

※本書は『最新版 はじめてのトイ・プードル　飼い方 しつけ お手入れ』（主婦の友社・2016年刊）に加筆・修正を加えて再編集したものです。